是生活不美，是你快乐太少

是精神和肉体的朝气 快乐 是一切都该如此进行的信心 使生命得以延续 快乐，是希望和信念。

郭婉琪 / 编著

HAPPY
FOR YOURSELF

快乐始终会过去，只有幸福才能持久，要拥有一颗发现美的眼睛，拥有一颗体会幸福的心。

新华出版社

图书在版编目（CIP）数据

不是生活不美，是你快乐太少 / 郭婉琪编著. -- 北京 : 新华出版社，
2016.7

ISBN 978—7—5166—2680—1

Ⅰ. ①不… Ⅱ. ①郭… Ⅲ. ①成功心理－通俗读物 Ⅳ. ①B848.4-49

中国版本图书馆CIP数据核字(2016)第164011号

不是生活不美，是你快乐太少

编　　著：郭婉琪

选题策划：许　新　　　　　　　　责任编辑：祝玉婷
封面设计：木　子

出版发行：新华出版社
地　　址：北京市石景山区京原路8号　邮　　编：100040
网　　址：http://www.xinhuapub.com
经　　销：新华书店
购书热线：010-63077122
中国新闻书店购书热线：010-63072012

照　　排：宇　天
印　　刷：永清县晔盛亚胶印有限公司
成品尺寸：170mm×240mm
印　　张：15　　　　　　　　　　字　　数：200千字
版　　次：2016年9月第一版　　　印　　次：2016年9月第一次印刷

书　　号：ISBN 978—7—5166—2680—1
定　　价：36.80元

前　言

　　人生就像是一次旅行，从我们来到这个世界的那天起，就开始了这长达一生的漫长旅行。旅途中，你会体会到幸福和快乐，也避免不了会遇到一些麻烦，这都是旅途中的一部分，你要学会去享受其中的乐趣，哪怕是痛苦，你也要面带微笑去面对，这样你才能更加快乐地去享受这次旅行，体会其中的每一份快乐。

　　人生不可能永远快乐，那么，我们怎样做才能使自己最大程度的得到快乐呢？其实办法很简单，快乐和痛苦就像是一对敌手，当快乐被击败时，痛苦就会增长，反之，当快乐胜利时，痛苦自然也就会减少，要想生活得更加快乐，唯一的办法就是把痛苦变成快乐，让它也为我们快乐的人生提供服务。人生只有乐中知苦、苦中享乐，苦乐相伴，才称得上是完美的、幸福的。要知道，痛苦与快乐是相辅相成、互为依存的。痛苦与快乐只是相对而言，没有痛苦就无所谓快乐。痛苦孕育着快乐，不经历痛苦，战胜困难，就永远品尝不到幸福的真谛。因为，痛苦的事情在所难免。不要被痛苦的事情吓倒，如果没有经历过痛苦，也不会体会到快乐的甘甜。

　　一个懂得生活的人，不仅会从痛苦中体会快乐，而且还善于从生活中发现快乐、咀嚼快乐，并品尝这些生活中小小的快乐给自己的满足。如果想做一个永远快乐的人，就要学着去品尝小小的满足。无数小小的满足，会给你带来永远的快乐，就象一条欢快的小溪，永远在你心中流淌。

所以，人生的幸福，要靠我们从痛苦中发现快乐，寻找快乐，这样我们才能拥有持续的幸福感。

快乐其实很简单，如果你想要生活的快乐，你就必须信仰美好的生活，并在周围发现它。人们往往总是生活在矛盾当中。当一个人对是否值得活这个层次的问题有疑问时，他怎么能快乐呢？很多人之所以生活得郁闷，也归因于他们有着过度解释自我不良感受的恶习。这种过度的解释，模糊了他们的感受，消弱了他们快乐的能力，导致了人的天性屈服于纷乱之中。

善良会使人的生活变得简单、轻松、快乐，一个善良的人从来不会背负生活中任何一样让自己感到郁闷的包袱，生活对这些人而言永远都是美好的，健康的心灵使他们的人生永远幸福。

春天到了，一只松鼠在树间跳来跳去，一不小心，它从树上掉了下来，偏巧砸在一只正在树下睡觉的狼身上。狼一下窜起来，抓住了松鼠要吃掉它。小松鼠恳求狼饶命，它说："行行好吧，求求你放了我。"

狼说："好吧，我可以放了你，但你必须告诉我一件事，为什么你们松鼠一天到晚快快乐乐，我却总是觉得郁闷呢？看看你们，在树上玩啊跳啊，总是那么的开心，这究竟是为什么呢？"

松鼠说："你先放了我，让我上树，我再告诉你，要不然我心里害怕。"

狼放了松鼠，松鼠飞快地上了树，站在树梢说道："你觉得郁闷

是由于你秉性凶恶，是它始终折磨着你的内心；我们快乐是因为我们善良，是健康的心灵使我们永远生活得快乐。"

命运始终掌握在自己手中，快乐是可以创造出来的，我们的每一天都要靠自己去涂上色彩，否则它就可能是一片空白。而这色彩便是生活的内容。当你度过了充实、活跃而有成绩的一天，到了晚上，才觉得日子没有白过，而人生也就因此感到快乐。

朋友A从国外回来，带了许多漂亮的色彩纸、绸、纱和毛料。还带了许多手工艺的书。闲时和爱好工艺的朋友一同做纸花、缝靠垫、做壁饰；每做成一件，就和朋友一起来欣赏一下。一面喝茶，一面聊聊天，日子充满了乐趣。

她说："小快乐是构成人生快乐的主旋律。"

朋友B在郊区买了一栋小小的市民住宅。因为房子坐落在山脚下，风景绝佳，就约好三五好友，带上一点野餐，偷闲半日，去山上寻幽探胜，山坡上跑跑，小庙里坐坐，谈谈文章或人生心得。所费几天，生活竟有了浪花，心情也不呆闷了。

朋友C平时工作甚忙，但他却每月抽出半天时间，办了一个文友雅聚。下午二时至五时，茶点招待。朋友们随时可来，有事即可早退。因为不是正式聚餐，没有人数多少的负担。来三五人，八九人，十数人，都可以聚晤，茶点即客数现制，临时人多，也不难立刻填补，可说是最自由的聚会。

他说："友情即是乐趣。又何必一定享受高官厚禄，或得奖出名才快乐呢？"成功与荣誉得来非易。它们是大快乐，要靠多少年的辛苦耕耘。而它的目标无止境，成功之处另有更大的成功在等你追求；

荣誉之外另有更大的荣誉在吸引你获得，如果你只能在成功与荣誉得来的那一刻才感觉到快乐，那么你日常的人生必然只剩下紧张、焦虑和苦闷了。

何况成功与荣誉贵在有人愿意与你分享。日常只顾奔忙，而忽略了友情，则即使成功与荣誉集于一身，又有什么真正的乐趣呢？快乐不是一条单音旋律，它需要来自多种音响的协奏与共鸣。它不单是发射，而更需要回应。

获取快乐的方法有很多，上面所说到的只是想让大家对人生有个新的认识，让大家明白，快乐是属于每个人的，只要你去争取，你就一定会获得。此书中写到很多促使人们生活快乐的方法，希望大家阅读此书后，对生活的态度能由此而做出转变，使你对生活更加充满热情，度过一个幸福快乐的人生。

目 录

第一章　快乐是一种态度

> 有的人怎么也快乐不起来，其实原因是他没有找到快乐之路。在我们的生活中，通往快乐的路只有一条，就是不要担心超出我们意志力之外的事，只要我们的心有了快乐的意念，我们就要大胆地去追。这正如布雷默所说："真正的快乐是内在的，它只有在人类的心灵里才能发现。"

第二章　不要抱怨生活

这世上的一切，本来就不是我们的。我们来的时候，双手空空，日后无论得到多少，都是意外之喜。抱怨只能使人们生活在痛苦和怨恨当中，没有抱怨的世界，才是最快乐的。

第三章　保持心态的平衡

> 生活中，我们可以拥有很多快乐。快乐就像翩翩飞舞的美丽的蝴蝶，当我们处心积虑地想要抓住它的时候，它往往会警惕地飞走。而当我们以一颗平常、自在的心态观赏它时，它反而会悄悄落在你的身旁。拥有平常之心，凡事不苛求，以幽默、放下的心态面对世事，做一个开怀自在之人，这就是每个人生活快乐的秘密。

第四章　快乐自己

> 快乐很少会亲自降临到每个人的头上，它需要我们去寻找，去创造。对于每个人而言，要想在生活中感觉到乐趣，就必须学会寻找快乐。快乐是人生中的一味精神良药，是抹平一切的最佳物质。去寻找它，并拥有它，现在就开始行动吧！

第五章　放下心中的贪念

贪婪，是很多灾祸的根源。因为贪婪，会导致友谊的破裂；因为贪婪，会使快乐沦为不幸；因为贪婪，生命也会走向死亡。一个贪婪的人，一生注定生活痛苦。得一望十，得十望百的心理使人们走上贪婪的道路。

第六章　放飞心灵

忧虑的事情人人都会遇到，有的人面对它时会伤心欲绝，有的人面对它时会闷闷不乐，有的人不能摆脱它的阴影的纠缠，也有的人面对它时却仍旧保持坦荡的心胸。不同的人面对烦恼有不同的态度，不同的态度则导致了不同的人生。

第七章 不让心情影响自己

情绪是影响我们生活、夺去我们快乐无情的"杀手"，任何快乐都会因为坏情绪的出现而化为乌有。快乐生活是一天，不快乐生活也是一天，那么，我们为什么不选择快乐地生活呢？无论到任何时候，我们都不要让坏情绪影响到自己的生活，克服它，任何人都会变得更加快乐。

第八章　不要在意他人的批评

批评会给人们带来很大的帮助，无论是对是错，我们都将会从中受益。因此，我们一定要坦然地接受来自任何人的批评，永远不要因此而产生无谓的苦恼，那只会使我们的生活变得阴暗。

第九章　家庭幸福是快乐的根本

> 家庭幸福是一切快乐的根本，幸福美满的家庭会给人带来无限的快乐，一个人生活得是否快乐，和家庭有着密不可分的关系。因为，家庭是人最大的支柱，无论你在外面经受怎样的狂风暴雨，家永远都是幸福快乐的港湾。

第一章
快乐是一种态度

　　有的人怎么也快乐不起来，其实原因是他没有找到快乐之路。在我们的生活中，通往快乐的路只有一条，就是不要担心超出我们意志力之外的事，只要我们的心有了快乐的意念，我们就要大胆地去追。这正如布雷默所说："真正的快乐是内在的，它只有在人类的心灵里才能发现。"

快乐是一种心态

美国最杰出的推销专家克莱门特·斯通曾经说过："你对自己的态度，可以决定你的快乐与悲哀。如果你把自己看成弱者、失败者，你将郁郁寡欢，你的人生也不会有太大的作为；如果你把自己看成强者、成功者，你将快乐无比。"

克莱门特·斯通在讲述该如何乐观地生活时，讲了一个故事：

有一次，听说来了一个乐观者，于是，我去拜访他。他乐呵呵地请我坐下，笑嘻嘻地听我提问。

"假如你一个朋友也没有，你还会高兴吗？"我问。

"当然，我会高兴地想，幸亏我没有的是朋友，而不是我自己。"

"假如你正在行走，突然掉进一个泥坑，出来后你成了一个脏兮兮的泥人，你还会高兴么？"

"当然，我会高兴地想，幸亏掉进的是一个泥坑，而不是无底洞。"

"假如你被人莫名其妙地打了一顿，你还会高兴么？"

"当然，我会高兴地想，幸亏我只是被打了一顿，而没有被他们杀害。"

"假如你在拔牙时，医生错拔了你的好牙而留下了患牙，你还高兴么？"

"当然，我会高兴地想，幸亏他只是错拔了一颗牙，而不是我的内脏。"

"假如你正在瞌睡着，忽然来了一个人，在你面前用极难听的嗓门唱歌，你还高兴么？"

"当然，我会高兴地想，幸亏在这里号叫的是一个人，而不是一匹狼。"

"假如你的妻子背叛了你，你还会高兴么？"

"当然，我会高兴地想，幸亏她背叛的只是我，而不是国家。"

"假如你马上就要失去生命，你还会高兴么？"

"当然，我会高兴地想，我终于高高兴兴地走完了人生之路，让我随着死神，高高兴兴地去参加另一个宴会吧。"

对于乐观者来说，生活中根本没有什么令人痛苦的，他们的生活永远是快乐。这正如先知纪伯伦所说："你欢笑所升起的井里，往往充满了你的眼泪。悲伤在你心里刻一画得愈深，你就能包容愈多的快乐，你快乐的时候，好好审察你的内心吧！你就会发现曾经令你悲伤的，也就是曾经令你快乐的因素，其实令你哭泣的，也就是曾经给你快乐的。"只要你用心，你就会在生活中发现和找到快乐。痛苦往往是不请自来，而快乐和幸福往往需要人们去发现，去寻找。

快乐的人都会说，我们是可以快乐的，只要我们希望自己快乐。那么，我们如何才能找到自己的快乐呢？这其实并不难，只要我们认识到悲伤和快乐是密不可分的，悲伤和欢乐也常常是一起到的。不管我们现在拥有快乐比较多，还是拥有悲伤比较多，我们都要感受到快乐与悲伤往往就是一线之隔而已。

我们生活在这个世界上，都是为了追求自己的幸福和快乐。我们只要过好属于我们的每一天，用心感受生活中的一点一滴，从每一件平常的小事中寻求快乐，我们的生活就一定能更加充实和快乐。快乐的过程，往往与我们的心境有关，我们每个人都有自己的情绪波动，但只要遇事学会摆正自己的心态，自己总往乐观的一面去想去做，就会带给我们积极而有成效的结果。

快乐是我们自己心境的选择，当我们勇于选择快乐时，悲伤就会自动远离我们。但令人困惑的是，很多人都选择了不幸、沮丧和愤怒，他们并没有选择快乐，在他们看来，快乐并不是在我们获得我们需要的东西之后发生的什么事情，而通常是在我们选择快乐之后我们会获得的东西。无惧地面对生命带给我们的考验，接受大自然法则，勇于搜寻和发问，在我们灵魂中保持宁静和信心，这些都是造成快乐的信念之一。

某家有一对双胞胎，外表酷似，秉性却迥然不同。若一个觉得太热，另一个就会觉得太冷。若一个说电视声音太大，另一个则会说根本听不到。一个是绝对极端的乐观主义者，而另一个则是不可救药的悲观主义者。

为了试验双胞胎儿子的反应，他们的父亲在他们过生日的那天，在悲观的儿子的房里堆满了各种新奇的玩具及电子游戏机，而在乐观的儿子的房里则堆满了马粪。

晚上，他们的父亲走过悲观的儿子的房间，发现他正坐一堆玩具中间伤心地哭泣。

"儿子呀，你为什么哭呢？"父亲问道。

"我的朋友们都会妒忌我，而且我还要读那么多的使用说明才能玩，另外，这些玩具总是不停地要换电池，而且最后全都会坏掉的！"

走过乐观的儿子的房间，父亲发现他正在马粪堆里快活地手舞足蹈。

"咦，你高兴什么呀？"父亲问道。

这位乐观的小儿子回答说："我能不高兴吗？附近肯定会有匹小马！"

由此可知，快乐不是来自外界的侵扰，而是自己的一种主观感受，是一种快乐的心理感觉。

著名足球教练米卢说："态度决定一切。"要想活得快乐，就要学会改变态度。我们永远无法改变世界的客观存在，但改变态度的按钮，却时刻掌握在我们自己的手中。如果你痛苦了，悲观了，赶快按一下那个叫态度的按钮吧，就在你松手的瞬间，也许一切都会悄悄改变！

快乐是自己给的

究竟什么样的人才是最快乐的人，是国王？首相？议员？或者是腰缠万贯的大富翁？以上答案都不是。快乐与地位、名气无关，它属于那些为生活辛勤付出的人们。

据说英国的一家报社曾举办过一次征文活动，它的题目是"什么样的人最快乐？"报社编辑从数万封堆积如山的读者来信中，评选出四个最佳答案：一是作品刚刚落成，吹着口哨欣赏自己作品的艺术家；二是用沙子堆城堡模型的孩子；三是为婴儿洗澡的母亲；四是千辛万苦开完刀后终于挽救了病人生命的外科医生。

第一点的意义就是，我们必须生活在工作中，工作中的人是快乐的人。

我们的人生很大一部分时光都在工作中度过，人生的快乐与安慰，来自工作中的勤奋和努力。

在工作中，我们要培养自己的乐观精神，对工作充满信心和热忱。一个全天致力于自己工作的人，他会由衷地体会到工作的快乐，这样能使工作中的难题在我们面前迎刃而解。其实，我们享受工作乐趣的方法很多。如果不能从工作中体会出一点乐趣来，就枉为自己的工作。古今中外的艺术家、音乐家或各种杰出人物没有一个不以工作为乐趣的。

所以，工作中的我们一定要找到我们所喜欢且擅长的部分，并为之赋予我们的激情。我们只有这样做了，才能在工作中体现出自己的价值。

第二点的意义是，自己要想快乐，必须对未来充满渴望和想象。

在打击和不幸面前，希望使我们的心理承受能力增强，使我们能够一往无前地顽强拼搏，使我们凡事都往好处想。

每个人都必须面对这样一个奇怪的事实：在我们这个世界上，成功卓越的少，失败平庸的多。成功的人越是活得充实、自在、潇洒，失败平庸的人就越是过得空虚、艰难、猥琐。

第三点的意义就是，要想自己快乐，心中一定要充满无私、不计报酬的爱心。

这让我想起了约翰·洛克菲勒，正逢他事业巅峰、财源滚滚的时候，他的个人世界却崩溃了，标准石油公司也一直灾祸不断——与铁路公司的诉讼、对手的打击等。遭受过他无情打击的对手，没有一个不想把他吊在苹果树下。威胁要他性命的信件如雪片般飞入他的办公室。

后来他终于退休了，他开始学习打高尔夫球，从事园艺，与邻居聊天、玩牌，甚至唱歌。他开始想到别人，不再只想着如何赚钱，而是开始思考如何用钱去为人类造福。总而言之，洛克菲勒开始把他的亿万财富散播出去……于是，洛克菲勒开心了，他彻底改变了自己，使自己成为毫无忧虑的人。

洛克菲勒还给慈善业带来了一场革命。在他之前，捐赠人往往只是资助自己喜爱的团体，或者馈赠几幢房子，上面刻着他们的名字以

显示其品行高尚，而洛克菲勒则致力于建立一个更加科学、更加规范的慈善体系。

洛克菲勒最后留给家族的不仅仅是财富上的传承，他对慈善事业的这种全身心的倾注，使他的一生创造了许多的奇迹，但真正的也是最震撼人心的，当属他"死于53岁"又活到98岁，多活了45年的生命奇迹！捐赠给他带来了快乐，也使慈善事业成为整个洛克菲勒家族的传统，并得以继承和延续开来.

第四点的意义是，快乐就是要有助人为乐的能力和技能。

拉布吕耶尔曾经说过：最好的满足就是给别人以满足。著名作家狄更斯也说过：世界上能为别人减轻负担的都不是庸庸碌碌之徒。帮助别人可以使我们赢得友谊，可以给我们自己带来快乐，朋友之间更是这样，当然，助人为乐并不是要献出生命，而是一种自然的流露。

当别人处于困境的时候，我们要学会关心和体贴他人，能主动去帮助别人。助人为乐，这也是人际交往的一种高尚的行为。人间的生活本来就是酸辣苦咸的，但做人的情操和理念却是我们需要时刻把握的。

总之，助人为乐是社会的一大美德，你在帮助别人的同时，也帮助了自己，让自己快乐和充实。甚至有一些研究人员认为，养成助人为乐的习惯是预防和治疗忧郁症的良方。这其实是一种双赢，我们又何乐而不为呢？

上述这四种人，上帝让快乐格外垂青于他们，这四种人的实质说得明白一点就是奉献导致快乐。

付出才会快乐

有时生活有付出就有快乐，付出与快乐好像一对孪生姐妹；没有付出，就没有快乐，反言之，要想获得快乐，就必须得去付出。

在美国的街头，有一个叫作兰迪·麦克理的人，那是一个六七十岁的老人，披肩的灰白长发，衣服乌一块紫一块，在人行道上向路人乞讨，他面带微笑，他的微笑是真诚和令人愉快的。

一天下午，来了一位小姑娘，六七岁的样子，小姑娘走近他，伸手将一个东西放到兰迪的手心里，一刹那，兰迪喜笑颜开。只见他也伸手从口袋中掏出什么放进小姑娘的手心里。小姑娘也快乐地向她的父母跑去。

为什么小姑娘一下子变得那么快乐呢？很简单，其实就是一枚硬币。小姑娘走过来给了兰迪一枚硬币，而他反过来送给小姑娘两枚硬币。兰迪·麦克理只是想教会她："如果你慷慨大方，你所收获的总会比付出的多。"

这是《读者》曾经发表的一篇文章，这不仅仅是对小姑娘说，更是对我们世人说的，意思是，当一个人处于困境时，只要你付出你那一点点力所能及的力量，得到的回报是自己付出过程中所得到的乐趣，同时，受帮助的人也会感到快乐，这也是对世间爱心的美好回报。

有这样一个故事，我觉得对于理解付出与回报之间的关系很有帮助。故事说有两个准备投胎转世的人被召集到上帝的面前，上帝说："你们当中有一个人要做个只会索取的人，另一个人要做付出的人，你们商量后自己选择吧。"

上帝的话音刚落，第一个人就抢着说："我要做索取的人。"这人想，索取也就是一生什么事也不用做，坐享其成的人生那可真不是一般的幸福。他甚至为自己的抢先一步感到无比幸运。另一个没有其他的选择，于是，他做了那个甘愿付出的人。

多年以后，人们看见了这样的结果。那位选择付出的人成了一个大富翁，他乐善好施，给予他人，成了一位有名的慈善家，备受人们尊重。而另一位则做了乞丐，他一辈子都在不停的索取。原来，上帝是这样满足他们的要求的。

另外一点就是在我们谈到从点滴做起的时候，还要消除心中的顽石，因为心中的顽石阻碍我们去发现、去创造。

从前有一户人家的菜园里摆着一颗大石头，宽度大约有40公分，高度有10公分。到菜园的人，一不小心就会踢到那一颗大石头，不是跌倒就是擦伤。

儿子问："爸爸，那颗讨厌的石头，为什么不把它挖走？"

爸爸这么回答："你说那颗石头吗？从你爷爷时代，就一直放到现在了，它的体积那么大，不知道要挖到什么时候，没事无聊挖石头，不如走路小心一点，还可以训练你的反应能力。"

过了几年，这颗大石头留到下一代，当时的儿子娶了媳妇，当了爸爸。

有一天媳妇气愤地说："爸爸，菜园那颗大石头，我越看越不顺眼，改天请人搬走好了。"

爸爸回答说："算了吧！那颗大石头很重的，可以搬走的话在我小时候就搬走了，哪会让它留到现在啊？"

媳妇心里非常不是滋味，那颗大石头不知道让她跌倒多少次了。

有一天早上，媳妇带着锄头和一桶水，将整桶水倒在大石头的四周。

十几分钟以后，媳妇用锄头把大石头四周的泥土搅松。

媳妇早有心理准备，可能要挖一天吧，谁都没想到几分钟就把石头出来了，看看大小，这颗石头没有想象的那么大，都是被那个巨大的外表蒙骗了。

由此我们可以想到一个能为别人付出的人，一个勇于担当的人，也会因为自己的高尚行为而感到自豪，它也是一种快乐和幸福，你会因此而不觉得自己的付出是一种压力，你会进步得更快。你会发现这是一种双向的平衡，或者我们得到的比付出的会更多。

并不是每一个人都能认识到付出的精神内涵，人们需要在不断的改变中寻求到一种最佳的理解方式，需要在不断的探寻中理解付出的全部意义。许多人都会抱怨自己的付出与回报不平衡，我想，这可能就是人们把物质的东西看得太重了，而忽略了精神上的得到，甚至有人根本就没想到这一点，所以他们才抱怨，才不愿意付出。

1858年，瑞典的一个富豪人家生下了一个女儿。然而不久，孩子染患了一种无法解释的瘫痪症，丧失了走路的能力。

一次，女孩和家人一起乘船旅行。船长的太太给孩子讲船长有一只天堂鸟，她被这位太太的描述迷住了，极想亲自看一看这只鸟。于是保姆把孩子留在甲板上，自己去找船长。孩子耐不住性子等待，她要求船上的服务生立即带她去看天堂鸟。那个服务生并不知道她的腿不能走路，就只顾带着她一道去看那只美丽的小鸟。奇迹发生了，孩子因为过度地渴望，竟忘我地拉住服务生的手，慢慢地走了起来。从此，孩子的病便痊愈了。女孩子长大后，又忘我地投入文学创作中，最后成为第一位荣获诺贝尔文学奖的女性，她就是茜尔玛·拉格萝芙。

付出是可以累积的，付出并不是要你做出多大的牺牲。如果你抱着下坡的想法爬山，便无法爬上山去。如果你的世界沉闷而无望，那是因为你自己沉闷无望。改变你的世界，必先改变你自己的心态。如果你能以付出为乐，那么我们有理由相信，你一定会做得更好！

快乐是一种心境

我们快乐与否，与自己的心情有关，心情好的时候，我们自然就会感到快乐，我们的心情是可以选择的，我们何不选择好心情让自己快乐多一点呢。

祸兮福所倚，福兮祸所伏。在挫折、不幸、灾难或厄运降临的时候，我们务必要保持乐观精神，而不能被悲观的心态所俘虏。我们左右不了外部的世界，但是，我们可以把握自己的心态。只有我们把握了自己的心态，才能拥有一个美丽而安宁的精神世界。古希腊哲学家艾皮克蒂塔有句名言："一个人的快乐与幸福，不是来自依赖，而是来自对外界运行规律的追求。"

作为一个乐观者，尽量把烦恼和忧愁从自己的心中排除出去，这样就可以做到每一分钟都过得有意义、有价值。

约翰是饭店经理，他遇到任何事总是很乐观。当有人问他近况如何时，他都会回答："我快乐无比。"如果哪位同事心情不好，他就会告诉对方怎么去看事物好的一面。他说："每天早上，我一觉醒来就对自己说，你今天有两种选择，你可以选择心情愉快，也可以选择心情不好，我选择心情愉快。每次有坏事情发生，我可以选择成为一个受害者，也可以选择从中学些东西，我选择后者。人生就是选择，你要学会选择如何去面对各种处境。归根结底，即自己选择如何面对人生。"

有一天，他被三个持枪的歹徒拦住了。歹徒朝他开了枪。幸运的是发现较早，约翰被送进了急诊室。经过18个小时的抢救和几个星期的精心治疗，约翰出院了，只是仍有小部分弹片留在他体内。

六个月后，他的一位朋友见到了他。朋友问他近况如何，他说："我快乐无比。想不想看看我的伤疤？"朋友看了伤疤，然后问当时他想了些什么。约翰答道："当我躺在地上时，我对自己说有两个选择：一是死，一是活。我选择了活。医护人员都很好，他们告诉我，我会好的。但在他们把我推进急诊室后，我从他们的眼神中读到了'他是个死人'。我知道我需要采取一些行动。"

"你采取了什么行动？"朋友问。

约翰说："有个护士大声问我对什么东西过敏。我马上答'有的'。这时，所有的医生、护士都停下来等我说下去。我深深吸了一口气，然后大声吼道：'子弹!'在一片大笑声中，我又说道：'请把我当活人来医，而不是死人。'"

约翰就这样活下来了。

乐观的人常常自我感觉良好，对失败拥有可贵的"马大哈"精神。你对事情的态度，可以决定你是否快乐。抛弃悲观消极的情绪，选择积极乐观的心态，才能做快乐的主人。

一个人要过得快乐，最主要的是有一种快乐的心境。一个人有了这种美好的心境，成功就不会得意忘形，失败也不会痛苦失态。如果我们用这种平和的心境来对待生活，那么我们做每一件事，都会形成一种自觉、一种快乐，就不会觉得那么累了。

在生活中，我们会感受到刺激和反应，有的人认为昂贵的居室、颇高的收入等是刺激快乐的反应，美好的爱情也是刺激快乐的反应。其实不然，快乐是一种选择。这种选择便是一种刺激。"因为我快乐，所以在任何事情上都会有成功之处；因为我快乐，就能很好地爱护拥护周围的一切；因为我快乐，就会拥有并感受着自然的温暖；因为我快乐，就会……"

快乐是对我们生活中每天做的事情的有意义的选择，因为某些我们不知道的原因，许多人选择了与痛苦、沮丧、灰心做伴。快乐不是因为我们得到了什么才会出现，而是因为我们选择了快乐，才会得到想要的东西。

亲爱的朋友，为自己制定一个享受快乐的法则吧！珍惜每一天的阳光，每一个好日子，欢乐女神将会对你宠爱有加，经常光顾你的心灵小屋，敞开你的心扉迎接快乐吧，你的生活将会更加绚丽多彩。

学着做个快乐的人，可以从以下几个方面着手：

1. 别盯住事情的消极面。

别总是对自己说："我真倒霉，总被人家曲解、欺负。"把注意力放在与别人友好和善上，把愉快、向上的事串联起来，由一件想到另一件，你就可以逐步排遣自怨自艾或怨天尤人的情绪。

2. 不要制造人际隔阂。

别人在背后说自己的坏话，或者轻视、怠慢自己，想想不是滋味，故以眼还眼，以牙还牙，结果你又多了一个人际屏障，多了一个生活的死对头，那当然也使你整日诚惶诚恐，不知他在背后又要搞什么。

3. 学会躲避挫折。

遇到情绪扭不过来的时候，不妨暂时回避一下，转换转换情绪。只要一段音乐，便会将你带到梦想的世界。如果你能跟随欢乐的歌曲哼起来，手脚拍打起来，无疑，你的心灵会与音乐融化在纯净之中。

4. 切勿过于挑剔。

大凡乐观的人往往是"憨厚"的人，而愁容满面的人，总是那些不够宽容的人。他们看不惯社会上的一切，希望人世间的一切都符合自己的理想模式，这样才感到顺心。生活的乐趣需要自己去体验，懂得享受生活乐趣的人才是真正会生活的人。如富商所言，我们并不需要什么事情，只是需要做事过程所得到的兴趣，过程才是最重要的，因为乐趣就在这个过程之中。

快乐是一种智慧

快乐是一个简单而又高深的话题，有的人只看到了表面上的嘻嘻哈哈，却没有看到或意识到快乐的真谛，其实，快乐既普通又神秘，只有智者才能彻底地享受到它。

每个人都希望自己活得快乐一点，但这又是很难做到的，如果你想做到的话，就去尝试下面快乐的智慧吧。

快乐的第一个智慧——分享

我们是一种高等群居动物，就自然离不开同别人打交道，现在的人们没有一个人会孤立的存在，学会处理与各种各样的人的亲密关系，可以带给我们很多智慧。比如，亲人之间的亲密关系会使我们感到快乐；朋友之间的浓浓友情会使我们感到快乐；和同事们在一起为了同一个发展目标而感到同业的快乐。

分享问题，分享成果，分享快乐，则使我们变得快乐。

快乐的第二个智慧——信心

通常来说，自信的人有一种对事物的胸有成竹的把握感，有一种志在必得的满足感，信心让我们直奔真理的方向，而无暇顾及其他的消极因素，恐惧和焦虑都不会沾边。

快乐的第三个智慧——态度

态度具有很大的力量。快乐是我们的一种心态选择，我们可以在任一时间、任一地点和任一状况下作出快乐的选择，就好像任何事物都可以以一种积极的心态去对待。所以，如果知道了这一点，我们就能从任一件事物身上寻找到快乐。当我们做事遇到阻力时，我们应积极地找到它的一些积极因素，并想出能解决其事的方法。以后，我们的心定会充满感激，我们也将让快乐充满自己的思想，因此，我们就可以控制自己的快乐。

快乐的第四个智慧——现在

过去的生活对于我们来说，已是明日黄花，过得是好是坏已经不重要了，重要的是要抓住属于我们的今天，过去是失落不悲伤，过去是辉煌也不沾沾自喜。对于我们来说最有意义的时光是现在，我们只要在现在活得快乐就可以了，快乐不是必须要花几年、几月、几天的时间，它是今天的日子里就可以找到的，所以，我们想要获得一个完美的人生，只要好好地珍惜现在，快乐地过好每一个"现在"就可以了。现在可以让我们忘记过去的一切恩恩怨怨，让我们快乐地拥抱未来。

对于我们来说，每天都是新的开始，新的生活。

从前有个富翁，他对自己窖藏的葡萄酒非常自豪。窖里保留着一坛只有他知道的，某种场合才能喝的陈酒。

州府的总督登门拜访。富翁提醒自己："这坛酒不能仅仅为一个总督启封。"

地区主教来看他，他自忖道："不，不能开启那坛酒。他不懂这种酒的价值，酒香也飘不进他的鼻孔。"

王子来访，和他同进晚餐，但他想："区区一个王子喝这种酒过分奢侈了。"

甚至他亲侄子结婚那天，他还对自己说："不行，接待这种客人，不能抬出这坛酒。"

许多年后，富翁死了，像每粒橡树的果实一样被埋进了地里。

下葬那一天，陈酒坛和其他酒坛一起被搬了出来，左邻右舍的农民把酒统统喝光了。谁也不知道这坛陈年老酒的久远历史。

所以，我们要重视今天，只有今天才是我们真正拥有的时光。

快乐的第五个智慧——运动

运动可以使大脑得到休息，让我们缓解压力，并能释放出一种使我们快乐的化学物质"内啡呔"。小孩也是这样，他们有句名言：不玩耍，聪明的孩子也变傻。

所以，我们在吃饭、工作的间隙，最好能运动一下，可以让我们保持持久的精力。让我们的大脑分泌多一些的"内啡呔"。

快乐的第六个智慧——目标

有目标的人就是有了希望的人，为了自己的希望会把自己的注意力全部集中到自己要做的目标上，在追求中充满喜悦，目标让我们在早晨有了早起的动力，目标让我们的生活充实而有意义起来。

快乐的第七个智慧——幽默

幽默就像润滑剂，可以缓解我们的紧张，舒解我们的各种压力，给我们创造快乐的感觉。俗话说：一笑泯千愁。幽默也是这样，幽默可以使所有的不快化作一阵风飘然而去，在幽默的趣味中，能让我们找到好的处理问题的方法，然后解决它。

快乐的第八个智慧——宽容

如果我们对别人宽容一些，我们就能从别人的角度考虑问题，能够理解别人，理解别人的缺陷，我们就不会有不满和恨意，就能做到大风大浪也平衡。宽恕自己，宽恕别人，我们心里就会开朗快乐得多。

快乐的第九个智慧——付出

与生俱来的万贯家财，并不能让你得到快乐，要学会帮助他人，给他人以方便，我们就会从给予中得到快乐，所以，通常我们要找机会帮助别人，为别人付出，帮别人把问题解决，我们也感到快乐。

快乐的第十个智慧——知足

快乐与否与财富无关，我们在生活中要懂得知足，不要成为生活的奴隶，不为财富所累，财富只是我们的身外之物，这样，我们就能活得快乐一些。

快乐源于自己

英国著名诗人罗伯特·路易斯·史蒂文森说："快乐的习惯使一个人不受——至少在很大程度上不受外在条件的支配。"如果你想每天得到快乐，就不能责怪你的太太治家无方，也不能拿她和你母亲作不利的比较。相反，你要经常赞美她把家治理得井井有条，而且要公开表示你很幸运，娶了一个既有内在美又有外在美的女人，甚至当她把牛排煎得像羊皮、面包烤得像黑炭时，也不要抱怨，只说这些东西做得没有她平常做得那么完美就行了，她就会在厨房里拼命努力，以便达到你所期望的程度。当然，不要突然开始这么做——否则她会怀疑的。你可以从今天晚上或明天晚上开始，买一束花或一盒巧克力，多说些贴心关切的话，多对她温柔地微笑……如果每对夫妻都能这么做的话，世间还会有这么多的离婚悲剧发生吗？

心理学家加贝尔博士说："快乐纯粹是内在的，它不是由于客体，而是由于观念、思想和态度而产生的。不论环境如何，个人的活动能够发展和指导这些观念、思想和态度。"对于这个世界，没有人会感到百分之百的满意，也不会百分之百地感到快乐，英国作家萧伯纳说过："如果我们觉得不幸，可能会永远不幸。"特别是外部环境，每个人都有无限的物欲。如果我们学会感恩，对生活中的一切怀有感恩的态度，我们就要凭借脑袋和利用意志尽可能地去想和做一些快乐的事情，对于生活中令人不痛快的琐碎小事和不和谐的气氛就像蛛丝一样轻轻抹掉，从而使我们迅速地快乐起来。

对于生活中的一些小事，动辄苦闷烦恼，主要与一个人的性格有关，是因为养成了忧愁的习惯，这种习惯性的烦恼大多因为我们太敏感，认为它有损于我们的自尊心。比如，有一些人说话时会对别人插嘴而感到不快，一些人会因为请别人，而别人却没有来而耿耿于怀，甚至有一些人对于别人几十分钟的迟到也浮想联翩，认为别人不可能来了，认为别人太不够意思了而闷闷不乐。总之，生活中总有很多人为各种各样的小事烦恼着。

治疗这种苦闷病最好的药方就是使用造成不快乐的武器——自尊心。在更多时候，我们应当正视自己的自尊心，即使是别人轻视我们，我们也不要太过在意。因为，林子大了，什么鸟儿都有，对于自己的重视莫过于自己，我们为什么还要在意别人那一点点评价？只要我们的心在，最后胜利的还不一定是谁呢。所以，这时我们仍要快乐起来，这是一种大度的快乐，是一种大智若愚的磨砺，以后要不断地积聚力量，并在潜移默化中击败对方，这才是我们的追求。平时我们要养成快乐的习惯，让自己变成一个快乐的主人，而不是一个奴隶。

哪怕以后我们处在悲惨或极其不顺利的境地时，我们也要尽量保持乐观情绪，纵然不能做到完全的快乐，也不要在不幸的生活伤口上撒一把盐。三十年河东，三十年河西，一切都会过去，生活总会对我们有所回报。千万不要让消极情绪打败了自己，或是永不翻身，甚至是郁郁而终，生活给予我们的教训实在是太多了，我们为什么还要再经历一遍别人做过的傻事呢？我们岂不是更傻吗？

詹姆斯说："我们所谓的灾难很大程度上完全归结于人们对现象采取的态度，受害者的内在态度只要从恐惧转为奋斗，坏事就往往会变成令人鼓舞的好事。在我们期望避免灾难而未成功时，我们就会对灾难产生恐惧。如果我们面对灾难，乐观地忍受它，它的毒刺也往往会脱落，变成一株美丽的花。"

我们是有着人生理想的高级动物，不仅仅是为了自己的一日三餐而活，我们甚至是为了更远大的目标而战，奔向目标的你何必在意人生路上的凄风苦雨，心中装着我们的目标就足够了，人生哪有什么平坦的大道呀？何必再给自己背上心理的包袱呢？

当我们不快乐的时候，可以尝试一下下面的快乐花絮，会使我们迅速快乐起来，它们具有立竿见影的效果，是治疗我们烦恼的良药。

1. 凡事多往好处想，常回忆一些令我们愉快的事物。

2. 对自己的工作和生活作妥当的安排，使自己有余地去实现。

3. 可以培养一些新的高尚的兴趣，让自己得到快乐，以使自己的生活得到缓解。

4. 学会把握自己一时的灵感，即潜意识，并尝试实践一下。

5. 常常制造生活中一些有兴趣的小插曲，以保持生活的新鲜感。

6. 当自己不愉快的时候，找个适当的方式发泄或缓解一下，或者适度地去茶馆或舞厅放松。

7. 可以暂时忘掉自己的工作，随心所欲地放松。

8. 收集一些趣闻和笑话，并和别人分享一下。

9. 给自己安排郊游，在旅行中会遇到一些令自己觉得新鲜的事物。

10. 偶尔全家去餐馆大吃一顿。

11. 看一些幽默的喜剧，让自己得到快乐。

12. 学会制造一下浪漫，买礼物送给自己或家人，给家人一个惊喜。

13. 郁闷的时候，和自己的亲朋相聚一下。

14. 给自己来一个大特赦，想做什么就做什么。

15. 保持一个健康的体魄，身体是革命的本钱，它是快乐的前提和根本。

16. 保证自己充分的休息，别透支你的体力。累则心烦，烦则生气。保证以后还会有好的精力。

17. 经常活动运动一下，会使你得到调节，从而心情愉快。

18. 真正地去关怀你的亲人，朋友，工作和四周细微的事物。对周围的人怀有爱心，并使他们快乐，从而自己也会感到快乐。

19. 常常微笑，对别人友好，你将得到相同的回报。

20. 学会遗忘令你不快乐的事，不去想令你不开心的人。

21. 知足常乐，对生活抱以感激，珍惜现在所拥有的，乐观地面对一切。学会享受人生，别把时间浪费在不必要的忧虑上。

22. 致力于自己的工作，并从中找出快乐所在。

23. 常去做一些能够容易到达的理想，并去做到。

24. 我们可以经常尝试新的生活方式。体验其中的快乐。

25. 每天抽出一点时间，给自己一个独立的空间，并使心灵宁静。

上面是一些有助于自身快乐的小花絮，有治疗抑郁的小偏方，如果你照着做了，肯定你会瞬时得到快乐。不信那就试试吧。

第二章
不要抱怨生活

　　这世上的一切，本来就不是我们的。我们来的时候，双手空空，日后无论得到多少，都是意外之喜。抱怨只能使人们生活在痛苦和怨恨当中，没有抱怨的世界，才是最快乐的。

不抱怨生活

一个铁匠想打造出一把锋利的宝剑出来，于是把一根根长长的铁条插进了炭火中，等到烧得通红，然后取出来用铁锤不停地敲打。如此反复了不知多少次后，铁条变成了一把剑。可是他左看右看，觉得这把剑并不符合自己的要求，于是又把它放进了通红的炉火中，然后拿出来继续敲打，他希望能把它打得再扁一点，成为一个种花的工具，谁知还是觉得不满意。就这样铁匠反复把铁条打成各种工具，结果全都失败了。最后一次，当他把烧得通红的铁条从炭火里取出来之后，茫茫然竟不知道该把它打造成什么工具好了。实在没有办法了，他随手把铁条插进了旁边的水桶中，在一阵嘶嘶声响后，铁匠说："虽然这根铁条什么也没打造成，可至少我还能听听嘶嘶的声音。"

很多人在遭遇失败后，最先做的就是不停地抱怨，而不是从中吸取教训。这样的行为不但会使他们失去成长的机会，生活也会因此而变得枯燥和充满烦恼。相反，对于那些面对失败保持乐观的人而言，不但不会因此而到处抱怨，而且他们总是能在其中体验到乐趣。

对于一个乐观者而言，面对任何事情他们都不会去抱怨，这也是那些伟大的成功者之所以能取得成功的主要原因之一。

在1888年的大选中，美国银行家莫尔当选副总统，在他执政期间，声誉卓著。当时，《纽约时报》有一位记者偶然得知这位总统曾

经是一名小布匹商人，感到十分奇怪：从一个小布匹商人到副总统，为什么会发展得这么快？带着这些疑问，他访问了莫尔。

莫尔说："我做布匹生意时也很成功，可是，有一天我读了一本书，书中有句话深深地打动了我。这句话是这样写的：'我们在人生的道路上，如果敢于向高难度的工作挑战，便能够突破自己的人生局限。'这句话使我怦然心动，让我不由自主地想起前不久有位朋友邀请我共同接手一家濒临破产的银行的事情。因为金融业秩序混乱，自己又是一个外行人，再加上家人的极力反对，我当时便断然拒绝了朋友的邀请。但是，读到这一句话后，我的心里有种燃烧的感觉，犹豫了一下，便决定给朋友打一个电话，就这样，我走入了金融业。经过一番学习和了解，我和朋友一起从艰难中开始，渐渐干得有声有色，度过了经济萧条时期，让银行走上了坦途，并不断壮大。之后，我又向政坛挑战，成为一位副总统，到达了人生辉煌的顶峰。"

莫尔取得的成功来自他乐观的心理，面对自己低微的出身，他没有一丝的抱怨，面对自己微弱的资产，他也没有抱怨，他没有因为自己只是个小布匹商人就停止追求成功的步伐，而是选择了更高的目标，对未来不断发起挑战，朝着人生的巅峰不停地前进着。

成功的喜悦只有那些遇到困难永远不会抱怨的人才可以品尝得到。快乐的生活永远都是在没有抱怨的情况下产生的。那些只知道抱怨的人，就像被蒙上了双眼一样，看不到眼前的无限风光，这样他们自然也就永远不懂得去享受生活中的美好，对于这些人而言，他们始终都摆脱不了那些困扰在他们身上的烦恼，焦躁的心情就像魔咒一样一直困扰着他们，幸福和快乐的阳光很难照在这些人的身上，因此，

他们注定将生活在阴暗当中。

保罗·迪克的"森林公园"使每个路过那里的人都赞叹不已：葱郁的树木参天而立，各色花卉争香斗艳，鸟儿在林间快乐地歌唱。可有谁知道，这竟是从以前烧成废墟的老庄园上重建起来的！

保罗·迪克是从祖父那里继承下来的"森林庄园"，在5年前，由于雷电引起的一场火灾被烧毁了。面对无情的打击，保罗·迪克根本就没有勇气去面对现实，他心痛不已。他知道，要想重建庄园是要花费很大的精力的，最重要的是还需要很大一笔资金，而这笔资金根本就没有办法凑到。保罗·迪克因此而茶饭不思，闭门不出，变得非常的憔悴。

他的祖母知道了这件事情以后，意味深长地对保罗·迪克说："孩子，庄园被烧了其实并不可怕，可怕的是自己因此而被毁掉。"

听完祖母的话后保罗·迪克一个人走出了静静的庄园，脑海里始终回想着祖母对他所说的话，对自己的人生开始重新思索。一次，他发现很多人排在一家商店的门口正在抢购些什么，他好奇的走上前去，原来这些人在抢购木炭。木炭！保罗·迪克的脑海里突然浮现出了一个好办法。

保罗·迪克雇用了几个烧炭工，他们决定用两个星期的时间将庄园里的那些烧焦的树木加工成木炭，然后送到集市上去出售。这一想法果然很有效，保罗·迪克很快就卖光了所有由树木加工而成的木炭，还收获了一笔不小的资金。他用这笔资金购买了树苗后，重新开始精心的打理祖父留给他的庄园，没过多久便有了现在绿树成荫的"森林庄园。"

　　无论是失去了原有的幸福，还是迟迟不能得到应有的幸福，我们都不要去抱怨，既然事情已经发生了，抱怨不但不会解决问题，还会使事情变得更糟。唯一为自己找回原有的幸福或是赢得未来幸福快乐的方法就是乐观地去面对，理智地看待发生的所有困难，并从中找到解决的办法，从而走出困境，最终获得快乐。

遇到困境不要抱怨

很多人一旦失败后，便用抱怨的方式来对自己进行安抚，他们觉得这样做可以使自己的内心平静下来，并还会用抱怨来为自己找一些失败的借口。这些人会觉得，抱怨是他们在遇到困难时最能释放自己压力的好办法，不但可以为自己的失败找到借口，别人也不会因此而对自己的能力产生怀疑。这样的做法是对的吗？在我看来，用抱怨的方式来面对困难会产生极为严重的不良后果。

首先，如果你在遇到困难的时候只是抱怨，那么你就永远不会从中吸取到教训，自己也就始终不能得到成长。其次，在表面上看来，通过抱怨的方式似乎能为自己的失败找到一些理由，从而使自己不再为此而感到难过。可事实并非如此，这样做就等于自己在欺骗自己，明明事情根本就没能解决，自己却偏要装作没有事了。用逃避的方法避开现实，看上去似乎已经脱离了困难，其实你根本就没能真正的走出困境。

美国作家海伦说："抱怨会使心灵黑暗，爱和愉悦则使人生明朗开阔。"一个总是在抱怨的人，他的内心一定是阴暗的，他们没有面对现实的勇气，即便是一个小小的困难，他们也不能勇于承担。抱怨也会使人们失去责任感，在其身上发生的所有对自己不利的事情，他们都不会积极的承担起责任，甚至还会用一些狡诈的手段来逃避责

任。懦弱的心理使这些人变得极为脆弱，一个小小的困难对他们来说都是一次巨大的打击，丧失勇气的他们无法真诚的面对现实，唯一能做的只能是逃避和抱怨。

在很早以前，两个兄弟在茫茫的大海中寻找栖息之地，历经磨难后他们终于找到了一个小岛，可岛上却没有人烟，到处荒草丛生，不时还会有野兽出没。面对恶劣的环境，两兄弟的意见产生了分歧。在哥哥的眼中，小岛充满了生机，他对弟弟这样说："我已经决定留在这里了，我相信，尽管这里环境恶劣，可我有能力把它开发成一个非常美丽并富裕的岛国。"

弟弟却不是这样想的。他对哥哥说："你看看！这是什么地方，到处都是荒野，连居住的房子都没有，还经常有野兽出没，难道你想死在这里吗？哎！我只能说上帝在捉弄我，这就是我的命运！"最终弟弟没能留下，他离开了这个小岛去寻找自己心中一直幻想的那个地方了。

在茫茫的大海中漂泊了几天后，弟弟终于找到了一个充满生机的小岛，他非常高兴的来到了这个岛上。他决定要把这里建造成一个非常漂亮的岛屿。可当他开始工作的时候才发现想完成这一目标有多么的困难，巨大的石块，炎热的天气，都给他带来了不小的麻烦。最终他放弃了，他没能实现自己的目标。

很快几十年过去了，以前那两个年轻力壮的兄弟已经成了老人。自从那次分开后，兄弟二人就再也没见面。弟弟决定前往那个荒岛去看望哥哥。当他到达这个以前还是一片荒芜的岛屿时，被眼前的一切惊呆了，这里到处都是漂亮的房子、整整齐齐的田地，还有很多活泼

的小孩在开心的玩耍。弟弟不相信眼前的这一切是真的，他以为自己走错了地方，正当他在犹豫的时候，一个神态非常慈祥的老人朝着他走了过来，弟弟一眼就认出来是哥哥。弟弟这才知道，眼前的一切都是哥哥努力打造出来的。看着这里到处布满繁华，弟弟再次开始抱怨自己的命运，恨哥哥当初为什么不把他留下来，他充满怨气地说："要是当初你劝我留下来，我一定会把这里建造的更好。"弟弟是有机会和哥哥一样过上快乐的生活的，可他在遇到困难时选择了放弃，而面对失败时，他又选择了抱怨。即便是自己不说，哥哥也可以看出，他是生活在痛苦当中的。哥哥原本以为弟弟已经改掉了以前的坏脾气，谁知他还是老样子，总是在抱怨。哥哥没有留下弟弟，因为他觉得如果弟弟不能改掉抱怨这个坏习惯的话，即便是自己把他留下来，他也不会生活得快乐。

当我们遇到困难的时候，与其抱怨自己的现身处境，倒不如好好分析一下原因，正确地面对现实，把握自己、充实自己。只有这样我们才能真正认识到自己的不足，从而找到弥补的方法，使自己脱离困境，走向成功。

乐观改变环境

如果你无力与自己所处的环境抗衡，那就要试着让自己适应这个环境。因为环境永远不会来适应你。当我们身处不良的环境时一定要乐观地面对。

生活中，很多人对到一个新的环境充满期待，希望新的环境可以给自己带来快乐，但是在体验到最初的新鲜感觉之后，像对原来环境的抱怨一样，人们习惯性的开始抱怨眼前的环境和自己想象的有落差。其实，每个环境都不可能完全如你所愿，世界上没有任何一件事情是完美的，如果你现在还能忍受的话，就不要再去抱怨，而是需要学会适应环境，提高自己的调适能力。有的人容易在冲动之下做出决定，一气之下选择离开，可是换个地方还是会有这样那样的问题。应该正面的面对问题，而不是一走了之，学着去适应环境以达到某种平衡，对于每个想在生活中得到快乐的人来说，最应该做的就是乐观地面对不良环境，并从中找到乐趣。

当你到一个新的环境时，能做到以下几点，你就能顺利地适应了。

首先，不抱怨，多包容。毕竟这个世界上没有完美的事情存在，生活也是一样，即使是比之前身处的环境好了，也肯定存在一些令人不满意的问题，只要它不是你所看重的主要问题，就可以完全忽略它。

其次，怀着乐观的心态做好每一件事情。要清楚自己想要什么，当刚步入一个新环境时，对很多事情一定都不是很了解，在这个时候千万不要盲目的做些事情，要充分的了解后再开始采取行动，这样就会避免很多不必要的麻烦发生。

再有就是学会拒绝。无论在生活还是工作当中，当我们步入一个新环境时总会遇到这样一些人，他们凭借着自己的资格老，或是觉得自己更加熟悉这个环境，便会把一些繁琐的事情交给我们来做，这明摆着就是在欺负新人。面对这样的事情，我们要学会拒绝，否则别人就会认为你是一个软弱的人。当然，一定要在正确的情况下，否则你就会成为一个骄傲自大的人。最好的方法就是我们应该以一种平静而庄重的神情讲话，客气的拒绝，对方也就没话可说了。为了避免生硬的拒绝，你可以提出一个相反的建议，但要符合情理。

最后，我们还要学会谦虚地向别人学习，但不必为了得到他们的认同而去套近乎。如果你表现得过于主动，身边的人就会对你产生你是在溜须拍马的想法，从而使大家对你产生反感的心理，同时也就会丧失与其他人进行沟通的机会。

人的一生中不可能一直处于一个环境中，面对紧张的生活和工作，人们总是会更换环境，这是任何人都必须面对的现实。为了克服陌生环境给我们带来的不便，我们一定要学会去适应、去融入，到任何时候都不要抱怨，这样才能使生活快乐起来。

一位武艺非凡的大师，在收徒弟时让所有前来拜师的人都跑步上山，如果有谁能按照这位大师说的去做，他就有可能被大师收为徒弟。所有人都按照大师的意思去做了，大家一起跑步上山。可事情远

远比他们想象的要困难得多，大师所住的地方在山的最高处，长长的山路一眼望不到边，很快就有一部分人放弃了，他们觉得即使自己坚持到了最后也不一定就会被大师选中。而还有一小部分人坚持了下来，经过几天的努力他们终于爬到了山顶，见到了这位大师。

当这些人提出让大师教他们功夫时，大师这样说道："你们先不要忙着让我教你们功夫，从现在开始我要离开这里几天，想学习功夫的人就在这里等，如果不能等的话，那么就请离开。"

大师说完话后，大家议论纷纷，有的说干脆走了算了，大师一定是不想收下我们才找了这个借口故意推脱。还有的说既然来了为什么不等等看呢，如果过几天大师还是不肯收我们，到那时候我们再走也不迟呀！议论过后，一部分人选择了离开，一部分人留了下来。

在未来几天中他们能做的只有等待，而山上的环境又特别的恶劣，到了晚上寒风刺骨，大家被冻得直哆嗦。很快在这里等待的人便所剩无几了，人们因为忍受不了如此糟糕的环境一个接一个的离开了。

几天过后，留在这里的只剩下两个人了，这时大师出现了，他意味深长地对这两个人说："你们坚持到了最后，你们没有向恶劣的环境屈服，我正式收二位为我的徒弟。"这时两人才明白过来，原来大师根本就没有离开，他始终都在观察着这些前来拜师的人，他的目的是考验大家是否能够适应这里的环境和是否有诚恳的心。

在面对一个陌生环境的时候，我们首先要做的就是调整自己的心理，提醒自己，一定要尽自己最大的努力，主动地去适应并融入这个环境当中。人生就是到处充满挑战，那些让我们感到熟悉和温馨的环

境都已经是以前的事了，我们不可能一直停留在那里；当然除非你不想取得发展。想要取得成功，想要过上幸福快乐的生活就必须积极迎接新的挑战。再者说，有哪一个熟悉的环境不是从陌生开始的呢，在我们刚一出生的时候，这个世界对于我们而言也都是陌生的，可我们没有逃避的权利，只能慢慢地去适应，去接受，去挑战。而当我们慢慢熟悉了这一切以后，就会发觉，到处都会充满精彩。

放下心中的抱怨

　　一个伟大的成功者可以坦然面对一切，面对任何事情他们永远都不会有一丝抱怨，当失败和痛苦到来时，他们付诸的行动是勇敢地面对，积极地解决，而不是不停的抱怨。世界上有多少平凡的人凭借着一颗永不抱怨的心书写了辉煌的人生，甚至创造了人生的奇迹。

　　人生就是这样，到处都充满了坎坷，谁都避免不了遇到一些麻烦和困难，如果一味抱怨的话，不但事情得不到解决，人生也会因此而失去快乐。曾有一位伟大的哲学家这样说道："迷路时抱怨的一百句话，顶不上问路的一句话。"与其不停的抱怨，还不如把时间和精力放在思考和解决问题上面，这才是遇到困难时应该要做的事情。同是一件事情，抱怨会将其变得非常糟糕，相反，如果你能杜绝抱怨的话，即使是一件糟糕的事情处理起来也会变得比较轻松。当我们遭遇困境时千万不要让抱怨毁掉我们继续奋斗的勇气和精神，掌握自己的命运，抓住希望永不放弃，相信最终我们获得的一定会是幸福和快乐。

　　李·艾柯卡曾是美国福特汽车公司的总经理，后来又成为克莱斯勒汽车公司的总经理。他的座右铭是："奋力向前。即使时运不济，也永不绝望，也永不抱怨，哪怕天崩地裂。"

　　艾柯卡不光品尝过成功的欢乐，也曾有过遭遇挫折的懊丧。他的

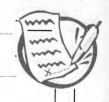

一生，用他自己的话来说，就叫作"苦乐参半"。1946年8月，21岁的艾柯卡到福特汽车公司当了一名见习工程师。他喜欢和人打交道，而且想搞经销。

艾柯卡靠着自己的奋斗，由一名普通的推销员，最终当上了福特公司的总经理。但是，在1978年7月13日，他却被妒火中烧的大老板亨利·福特开除了。当了8年的总经理，在福特工作已32年，一帆风顺，从来没有在别的地方工作过的艾柯卡，突然间失业了。昨天还是英雄，今天却好像成了甲型流感患者，人人都远远地躲开他，过去的朋友都抛弃了他，他遭遇了生命中最大的打击。

但是，艾柯卡没有抱怨，也没有绝望，他想起了小时候发生在他身上的一件事：一次，还是中学生的艾柯卡去野外玩，他坐在一根圆木上面，一边打开一包三明治，一边欣赏着巍峨险峻的山景。只见两条潺潺奔流的小溪汇合到一起，形成了一个清澈透明、深不见底的小潭，然后沿着一条树木丛生的峡谷直泻而下……如果不是有一只蜜蜂"嗡嗡嗡"围着艾柯卡不停地飞，他的心境一定如田园诗般清净。

这不过是一只普通的好扰乱野餐者兴致的蜜蜂。艾柯卡不假思索地把它赶跑了。

可是这只蜜蜂一点儿也没有被吓到，它又飞回来了，还是围着他"嗡嗡嗡"地转起来。这时，艾柯卡彻底失去了耐心。他一下子把这只蜜蜂打落到地上，接着一脚把它踩住，"嘎吱"一声把它碾进了沙土里。

片刻之后，艾柯卡脚边的沙土发生了奇迹般的变化，使他大吃一惊的是，那个不断折磨他的坏东西居然从沙土中钻了出来。它的翅膀

狂乱地扑打着，好像在向艾柯卡示威呢！这一次艾柯卡更不耐烦了。他站起来，用120磅的身体的重量把这只蜜蜂又重新碾进了沙土里。

艾柯卡重新坐下来吃午餐了。几分钟后，他发觉脚边有什么东西轻轻地动了一下。一只身体已被碾破但仍然活着的蜜蜂从沙土里有气无力地钻了出来。

艾柯卡对蜜蜂的幸存产生了兴趣。他俯下身子仔细地查看蜜蜂的伤——右侧的翅膀还相对完整，但左侧的翅膀已被碾得像一块揉破的纸。然而，那只蜜蜂仍然在不停地上下活动着它的翅膀，仿佛在估量着自己所受的损害。它还开始修整它那沾满了泥沙的胸腹部。

随后，蜜蜂把注意力转向那变了形的左翅，用腿反复抚摸着整个翅膀。每整理一段时间，蜜蜂就嗡嗡地扑打翅膀，好像在测试升力。这只毫无希望的残废者竟以为它还能飞？艾柯卡双手撑地跪下去，想更好地看看这些无用的努力。

他更仔细地观察证实，这只蜜蜂完了——它肯定完了。艾柯卡确信自己有这点生物学知识。

但是，那只蜜蜂仿佛对艾柯卡这高超的判断置若罔闻。它好像在逐渐恢复力量，并且加快了修整的节奏。这时，它那薄纱般的翅膀坚挺起来，而已弯曲的翅膀差不多已伸直了。

终于，蜜蜂觉得有充分的信心可以做一次试飞了。伴着一阵"嗡嗡"声，它飞离了地面，然而却一头撞在不到3英寸以外的沙堆上。这个小生命撞得很厉害，然而它还是拼命地梳理和伸展翅膀。

蜜蜂再次飞了起来，飞了6英寸后又撞到了另一个土墩上。很明显，蜜蜂的翅膀恢复了升力，但它还没能好好地控制方向。每次碰撞

以后，那只蜜蜂便疯狂地活动，以纠正新发现的结构上的缺陷。

它又一次飞了起来，这回越过了沙丘并笔直地朝一根树桩飞去。勉强地躲过了树桩，然后放慢了飞行的速度，转了几圈儿，在明澈如镜的水潭上空慢慢地飘过，似乎要欣赏它自己的曼妙的身影。

艾柯卡想起童年时代里刻骨铭心的这一幕，他告诉自己："艰苦的日子一旦来临，除了做个深呼吸，咬紧牙关尽其所能外，实在也别无选择。"

艾柯卡是这么说的，最后也是这么做的。他没有倒下去。他接受了一个新的挑战：应聘到濒临破产的克莱斯勒汽车公司出任总经理。

艾柯卡，这位在世界第二大汽车公司当了8年总经理的强者，凭他的智慧、胆识和魄力，大刀阔斧地对企业进行整顿改革，向政府求援，舌战国会议员，取得了巨额贷款，重振了企业雄风。

1983年8月15日，艾柯卡把面额高达8亿美元的支票，交到银行代表手里。至此，克莱斯勒还清了所有债务。而恰恰是5年前的这一天，亨利·福特开除了他。

如果艾柯卡不能勇于接受新的挑战，在巨大的打击后一蹶不振、偃旗息鼓，那么，他和一个普通的下岗职工就没有什么区别了。正是这种不向命运屈服，正是这种永不言败、永不抱怨、永不放弃的精神，使艾柯卡成为世人敬仰的英雄。

保持平常心

　　很多人之所以在遇到困难时不停的抱怨，很大一部分原因就是他们不能保持一颗平常心，总是把事情想得过于极端，对于这些人而言即便是人生中一次小小的失败，他们也会将此视为致命的打击。恐惧失败会危害到自己，担心失败会影响到自己的未来，促使了他们一旦遇到困难首先想到的就是抱怨。当一个人用平常心去面对发生在身边的所有事情时，抱怨自然就会离他而去，因为这些拥有平常心的人不会过于计较成败。成功自然是一件好事，对于一个具有平常心的人，他永远不会被成功的喜悦冲昏了头脑；失败虽是一件痛苦的事，可对于一个具有平常心的人，他也不会被失败带来的痛苦所打倒。因为有了平常心，人们变得从容了，因为有了平常心，人们变得和蔼了，因为有了平常心，人们把一切事情都看淡了，无论面对成功还是失败，他们既不会骄傲，更不会抱怨。

　　居里夫人曾两度获得诺贝尔奖。面对如此高的荣誉居里夫人并没有因此而改变什么，她用一个平常心面对这发生的一切。得奖出名之后，她还是和以前一样整日待在实验室里埋头苦干，而把荣誉和成功的金质奖章给女儿当了玩具。有的客人见了后感到非常的惊讶，便问居里夫人说："难道你不喜欢这个奖项吗？在我看来你应该把它高高挂起才对呀！"居里夫人笑着回答说："我想让孩子们从小就知道，

荣誉就是玩具，只能玩玩而已，决不能永远守着它，否则你将一事无成。"道理非常简单明确，可还是会有很多人不明白，他们不会这样做，当自己有了点名气之后，便沾沾自喜起来，甚至还会表现得目中无人。就这样原本一件很好的事情慢慢便产生了恶果，过于自大的他们已经被眼前的荣誉冲昏了头脑，他们自以为自己已经是一个成功者了，现在要做的就是慢慢品尝胜利的喜悦，这样一来，他们便逐渐地失去了奋斗的精神，自满的心理使他们变得懒惰。鲁迅先生就曾这样说："'自卑'固然不好，'自负'也是不好的，容易停滞。我想顶好是不要自馁，总是干；但也不可自满，仍旧总是成功。"一个伟大的成功者永远不会过于注重荣誉，他们会将荣誉看得很淡，当然这并不是说他们不希望得到荣誉或是不尊重荣誉。英国著名物理学家、化学家迈克尔·法拉第曾这样说："我不能说我不尊重这些荣誉，而且我承认这些荣誉很有价值，不过我却从来没有为追求这些荣誉而工作。"为得到荣誉或是为自己赢得利益而奋斗的人很难体会到成功的真正意义，他们所做的一切在某种程度上来讲全都是为了自己，这是一种非常自私的行为。只有那些拥有一颗平常心，不会因为想得到荣誉才去工作的人才会成为一个真正的伟大的成功者。

所谓的平常心也就是一种平和的心态，在如今这个竞争激烈的市场当中，人们为了使自己的生活得更好，避免不了与他人进行竞争，有了竞争自然也就会有成败。在面对这些的时候，人们需要有一个平和的心态，无论成败与否，都要用一颗平常心去面对，这不但有利于事业的继续发展，对身体健康也会有很大的帮助。凡事都喜欢斤斤计较、过于注重得失的人内心很难会得到安宁，他们在很多时候都处于

烦躁当中，这样的心理必将会影响到一个人的身体健康。成功了不要骄傲，失败了不要气馁，看到别人享受荣华富贵不羡慕，看到人家有万贯家财不嫉妒，遇事保持一个平和的心态，你的生活一定会充满快乐。

欧玛尔是英国史上唯一留名至今的剑手。他有一个与他势均力敌的敌手，两人已经争斗将近三十年了，可始终都没能分出胜负。这一天两人又遇到了，毫无疑问这是一场非常激烈的战斗，在争斗中敌手突然从马上摔了下去，欧玛尔觉得机会来了，他一下跳到了敌手的身上，手持宝剑，就在他要向敌手发起攻击的时候，敌手做的一件事让他停止了战斗——敌手向他的脸上吐了一口唾沫。欧玛尔对敌手说："咱们明天再决斗。"敌手为此感到非常的不解。

欧玛尔说："三十年来我一直在修炼自己，让自己不带一点怒气去作战，所以我才能常胜不败。刚才你吐我的瞬间我动怒了，这时杀你，我就再也尝不到胜利的感觉了。所以，我们明天再继续决斗。"

这场决斗永远不会开始了，因为欧玛尔已经成了那个敌手的老师，他也想像欧玛尔一样不带一点怒气去战斗。

在很多时候只有怀着一颗平常心去做事，你才能体验到成功的喜悦，才会在生活中体会到真正的乐趣。

学会宽容

　　宽容不但可以使人们原谅别人对自己的一些过失，也会让那些一直对生活感到不满的人停止他们的抱怨。法国著名作家雨果说："最高的报复就是宽容。宽容就像清凉的甘露，浇灌了干涸的心灵；宽容就像温暖的壁炉，温暖了冰冷麻木的心；宽容就像不熄的火把，点燃了冰山下将要熄灭的火种；宽容就像一只魔笛，把沉睡在黑暗中的人们叫醒。""宽容是互赠的礼品。"当我们可以原谅别人的同时也会得到别人对自己的原谅，一个懂得宽容的人不会对任何人产生怨恨或是报复的心理，即便有人对他们做了很过分的事情，他们也会用一颗包容的心去感化对方，让对方认识到自己的错误从而可以改正过来。一个懂得宽容的人的世界里永远不存在抱怨，无论对别人还是对自己的一切过失他们都会坦然地面对，在遇到困难的时候他们会选择用克服和原谅的方式去解决问题，而不是一味的抱怨。

　　在很多人眼里宽容是一种懦弱的行为，是因为没有能力反击才"坐以待毙"的，甚至还有很多人认为宽容和愚蠢没什么两样，既然别人已经惹到了自己，那就应该去反击他，去打败他。这样的想法是完全不对的，在我看来那些懂得宽容的人是世界上最聪明、最伟大的人。聪明是因为他们在处理事情的时候，从来不会与别人发生争执，而是用自己的品格去感化对方，让对方自己认识到错误，这样不但可

以在没有任何争斗的情况下将冲突化解，还可以得到更多人的尊重。伟大是因为即使他们没有感化对方，甚至还为自己惹来了一些麻烦，可他们同样可以乐观的面对、包容别人对自己的过失。宽容是什么？宽容是一种无私的爱，是一条友谊的桥梁，是打造和谐最好的方法。宽容使人们变得更加美丽，宽容使人们更加幸福，宽容使人们的生活更加快乐。雨果说："世界上最宽阔的东西是海洋，比海洋还要宽阔的是天空，比天空更加宽阔的是人的胸怀。"

宽广的胸怀可以包容一切，即使是常人感觉非常难过的事，一个具有宽广胸怀的人在包容的同时也会从中体会到快乐，并还会获得收获。

据说在三国时期，曹操的死对头袁绍发表了讨伐曹操的檄文。在檄文中，曹操的祖宗十八代都被骂了个狗血喷头。

曹操看了檄文之后问手下说："这檄文是谁写的？"手下的人以为曹操会大发雷霆，就战战兢兢地回答说："听说这檄文是出自陈琳之手。"曹操连声称赞道："陈琳这小子的文章写得还不错，骂得痛快。"

官渡之战后，陈琳落入了曹操的手中。陈琳心想当初把曹操骂了个狗血喷头，这下自己是死定了。然而曹操不但没有杀陈琳，而且还让他做了自己的文书。一次曹操曾与陈琳开玩笑说："你的文笔不错，可是，你在檄文中骂我本人就可以了，为什么还要骂我的父亲和祖父呢？"……

后来深受感动的陈琳一心效力于曹操，他为曹操出了不少好计策，使曹操颇为受益。

　　用宽广的胸怀去包容对方，是化解矛盾最有效的方法。一位哲学家曾这样说道："宽容可忍让的痛苦，注定将换来甜蜜的结果。"其实，宽容也是一种付出，而且是一种更为伟大的付出，那么，付出自然就会得到回报，和物质相比精神上的付出将会给人们带来更多、更大的收益。

　　在很多时候人们常常会因为对一件事产生不同的看法而发生争执，如果每一方都互不相让，无法宽容对方，都想占据上风，结果往往会造成僵持，甚至会两败俱伤，搞得双方都不快乐。工作需要谦让，生活同样需要相互包容，快乐是在和谐的前提下产生的，快乐的生活需要我们相互包容和理解。

第三章
保持心态的平衡

　　生活中，我们可以拥有很多快乐。快乐就像翩翩飞舞的美丽的蝴蝶，当我们处心积虑地想要抓住它的时候，它往往会警惕地飞走。而当我们以一颗平常、自在的心态观赏它时，它反而会悄悄落在你的身旁。拥有平常之心，凡事不苛求，以幽默、放下的心态面对世事，做一个开怀自在之人，这就是每个人生活快乐的秘密。

不被完美所累

屠格涅夫曾经说过："人生没有一种不幸可与失掉时间相比了。"

稍微有些生活经验的人都知道这个道理：世界上从来没有什么完美，追求从来没有的东西，结果只会给自己徒增烦恼。所以，一个人要想生活得快乐一点，就不要对自己处处苛求，不妨把自己的瑕疵当作自己进步的突破口。

在某大型机构一座雄伟的建筑物上，有句很让人感动的格言。那句格言是："在此，一切都追求尽善尽美。"这句话值得做我们每一个人的格言。如果每一个人都能采用这一格言，实行这一格言，决心无论做任何事情，都要竭尽全力，以求得尽善尽美的结果，那么人类的福利不知要增进多少。

人类的历史，充满着由疏忽、畏难、敷衍、偷懒、轻率而造成的可怕惨剧。之前，在宾夕法尼亚的奥斯汀镇，因为筑堤工程质量的简陋，没有照着设计去筑石基，结果堤岸溃决，全镇都被淹没，使无数人死于非命。像这种因工作疏忽而引起悲剧的事实，在我们这片辽阔的土地上，随时都有可能发生。无论什么地方，都有人犯疏忽、敷衍、偷懒、轻率的错误。如果每个人都能凭着良心做事，并且不怕困难、不半途而废，那么非但可以减少不少的惨祸，而且可使每个人都具有高尚的人格。

养成了敷衍了事的恶习后，做起事来往往就会不诚实。这样一来，人们最终必定会轻视他的工作，从而轻视他的人品。粗劣的工作，就会造成粗劣的生活。工作是人们生活的一部分，做着粗劣的工作，不但使工作的效能降低，而且还会使人丧失做事的才能。所以，粗陋的工作，实在是摧毁理想、堕落的生活。

实现成功的唯一方法，就是在做事的时候，要抱着非做成不可的决心，要抱着追求尽善尽美的态度。而为人类创立新理想、新标准，扛着进步的大旗、为人类创造幸福的人，就是具有这样素质的人。无论做什么事，如果只是以做到"尚佳"为满意，或是做到半途便停止，那就绝不会成功。

世界上的每一个人，无论是平民百姓，还是巨人商贾，也都有着自身的弱势。就拿美人来说，我国的四大美人都有自己的不足之处，西施是一个长了一双大脚板的女人，王昭君是一个斜肩女人，杨贵妃有狐臭，貂蝉的耳朵太小。公认的美人都有缺点，何况是普通人呢。生活更是这样，说明白点，不完美才是生活。试想一下，如果生活中只有晴空万里，而没有乌云笼罩，如果生活中只有幸福而没有悲哀，那么，这样的生活有意义吗？毕竟在我们的生活中，人们的幸福是由悲伤和喜悦交织在一起的密线，快乐正是因为有了悲伤才得以显现，在生活中，不幸和幸运紧紧相随，当一个人获得成功的时候，要提防失败尾随而来，如果时时渴望幸福，就不会耐心地忍受各种苦难，就体会不到克服困难后的那种胜利的喜悦。

既然每个人都有着自己的不足，我们就要正确地认识人生，容许

不足的存在。辉煌和悲伤都是我们人类自己创造的，每一颗心灵都是个小天地，心情的喜悦能使这个小世界充满快乐，而不满足的心灵则会使这个小世界充满伤感。

追求完美的人强迫自己努力，他们很惧怕失败，可生活的处境常常给他们以失望。大多数的事实证明，越追求完美，生活越会出现不足，这样不但会出现焦虑和沮丧的不良情绪，而且还会影响到工作绩效和人际关系。

追求完美生活的人常会感到不安，越是这样，他们的工作就越会出现问题，根源在于他们用一种不正确的态度看待人生。他们最为普遍的错误想法就是，不完美的事物没有任何价值可言，比如，在考试中考了99分，自己会对为什么失去那一分耿耿于怀。他们往往把那一分看得过重，认为这就是自己的失败之处。

追求完美的人的心理还有一个误区，他们会认为自己"永远不可能再把这件事情做好了"，这种无休止的自责会使他们产生一些受挫和内疚的感觉，使他们的生活没有快乐可言。

美国加州大学伯恩斯教授列出了追求完美的弊病：

1. 令自己神经高度紧张，有时连一般水平都达不到。

2. 做事时不愿意冒险犯错误，而错误恰恰是做事的过程中必然会发生的。

3. 不敢尝试新事物。

4. 对自己苛刻有加，令生活失去了情趣。

5. 成天处于紧张的状态下不能自拔。

6. 不能容忍别人，认为自己是个吹毛求疵者。

从这个分析可以看出，如果放弃追求生活的完美，很可能使生活更有意义和更有成就感，也因此会感到轻松和快乐。

因此，伯恩斯教授说："假如你目标切合实际，那么通常你的心情便会较为轻松，行事也较有信心，自然而然便会感到更有创造力和更有工作成效，不过，事实上你也许会发现，在你不是追求出类拔萃的成就而只是希望有确实良好的表现时，反而可能会获得一些最佳的成绩。"

生活其实很简单

生活就是生活，它本不复杂。生活变得复杂，是由于人们的心理的复杂化，与实际的情形发生了错位，才导致人们对生活表达出不同的态度。

在日常生活中，我们常常可以看到两种生活状况迥然不同的人。一种人是每天风风火火，又忙家务，又忙孩子，又应付工作，又应酬于亲朋好友之间的交际，又惦记着股市行情，又盘算寻找一份第二职业，又关注分房动向和职称评定，又算计着如何赢得领导信任以谋取个一官半职，如此等等。总之，他们是行踪不定，难得清静，一副大忙人的样子。但是，他们实则是忙乱不堪，制造混乱，不自觉地干扰他人平静的生活。他们办事效率高不高，生活是否充实姑且不论，但客观地讲，活得好累，想必是他们想否认也否认不了的人生感受。

而另一种人则与之截然相反。他们非但把家务和孩子料理得十分周到，井井有条，而且工作干得有条不紊，人际关系正常和谐。他们也不是不关心职称、住房什么的，甚至也可能与股票、第二职业之类的东西有关系，但是，他们却以高效的工作成绩、平和的人际关系和高超的生活艺术等，赢得了领导和同事的称赞。他们给人一种特别有条理、特别自信、特别轻松愉悦的感觉，其自身的心理感受，想必也大概如此吧。

对比如上两种人的生活，我们一定会感到不解。其实，道理很简单，那就是两种不同类型的人所走出的不同生活轨迹——由于他们处世哲学不同、个人素质不同、生活艺术不同，所以才走出了截然不同的生活之路。正因如此，他们在工作、生活、为人处世等方面的收效也各不相同。

有的人，或者不甚清楚自己为谁活着、应该怎样活着，于是无聊、迷惘，既不反省昨天，也不憧憬明天，生活失去了目标；或者生活总不得要领，找不到属于自己的位置，有时乱串角色，四处漂流，有时自行设计角色，结果迷失了自我。这都是由于他们不懂得合理地安排生活。

生活是不可预测的，没有一个人会知道自己的未来如何，但这并不意味着生活有多么复杂。如果你认为明天完全可以预测，那么，你的生活就是暗无天日的。

古时有个渔夫，是出海打鱼的好手。但他却有一个不好的习惯，就是爱立誓言，即使誓言不符合实际，八头牛都拉不回头，将错就错。

这年春天，听说市面上的墨鱼价格最高，于是渔夫立下誓言：这次出海只捕捉墨鱼。但这一次渔夫所遇到的都是螃蟹，他只能空手而归。回到岸上后，他才得知市面上螃蟹的价格最高。渔夫后悔不已，发誓下一次出海一定要只打螃蟹。

第二次出海，他把注意力全放到螃蟹上，可这一次遇到的却是墨鱼。不用说，他又只能空手而归了。晚上，渔夫抱着饥饿难忍的肚皮，躺在床上十分懊悔。于是，他又发誓，下次出海，无论是遇到螃蟹，还是遇到墨鱼，他都要捕捞。

第三次出海后，渔夫严格按照自己的誓言去捕捞，可这一次墨鱼和螃蟹他都没有见到，见到的是一些马鲛鱼。于是，渔夫再一次空手而归……

渔夫没有赶上第四次出海，他在自己的誓言中饥寒交迫地死去了。

人生最大的愚昧，莫过于像这个渔夫一样，对眼前能看得见的本分不尽力，而对于将来未必靠得住的幸福苦苦用心。事实上，我们只需要在平平常常之中，保持一颗坦然而宁静的心灵就行了。我们并不需要生活有多么奢华，只追求心灵所需要的快乐生活就行了。

为什么很多人活得那么累？根源在于他们的内心思维的多面性，因为他们过于羡慕别人而忽视自己所拥有的一切，俗话说，金窝银窝不如自己的狗窝。羡慕别人，会为自己增添无谓的烦恼。我们不如平心静气地看待别人的辉煌，以快乐的心态面对别人的一切，以快乐的心态守住自己的一切，这也是一种宽阔的胸襟。

生活其实很简单，就好像我们房子里面的东西，没有用途的，该扔的，要毫不吝啬地扔掉，因为生活中的很多东西实在无用，不扔掉是一个累赘，扔掉了则给人一种清新放松的感觉。另外，人没有分身术，我们不可能参加所有的活动，只要我们过得开心就行了，何必在乎别人的看法呢。

生活远没有想得那么复杂，我们只要该前进的时候前进，该后退的时候后退就行了。失败时保持足够的信心，成功时保持相当的冷静，平平常常中，我就可以自由自在地生活。

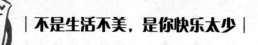

平常心面对困境

困境往往是经过化装的幸福，只有那些凭借坚定的信念和纯洁的心灵战胜它的人才能得到真正的快乐。只要你学会乐观地面对困难，你就会发现，困难没那么可怕。

战争结束了，有个年轻的号手离开战场回家。他日夜思念着他的未婚妻，可是，等他回到家乡，却听说未婚妻已同别人结婚，因为家乡早已流传着他战死沙场的消息。年轻号手痛苦至极，于是便离开家乡，四处漂泊。孤独的路上，陪伴他的只有那把小号，他便吹响小号，号声凄婉悲凉。

有一天，他走到一个国家，国王听见了他的号声，叫人把他唤来，问："你的号声为什么这样哀伤？"号手便把自己的故事讲给国王听。国王听了非常同情，他下了一道命令，请全国的人都来听这个号手讲他自己的身世，让所有的人都来听那号声中的哀伤。日复一日，年轻人不断地讲，人们不断地听，只要那号声一响，人们便来围拢他，默默地听。这样，不知从什么时候开始，他的号声已经不再那么低沉、凄凉了。又不知从什么时候起，那号声开始变得欢快、嘹亮，变得生气勃勃了。

这是当代中国最令人敬佩的作家史铁生讲的《小号手的故事》，自助才是小号手的人生希望，外来的帮助不能从根本上消除小号手的哀伤。

　　拿破仑出身于贫穷的科西嘉没落贵族家庭，他父亲却送他进了一个贵族学校。他的同学都很富有，大肆讽刺他的穷苦。拿破仑非常愤怒，却一筹莫展，屈服在威势之下。就这样他忍受了5年的痛苦。但是每一种嘲笑，每一种欺侮，每一种轻视的态度，都使他增加了决心，他发誓要做给他们看看，他确实是高于他们的。

　　他是如何做到的呢？这当然不是一件容易的事，他一点也不空口自夸。他只在心里暗暗计划，决定利用这些没有头脑却傲慢的人作为桥梁，去争取自己的富有和名誉。

　　经过坚韧不拔的努力，步入军营的拿破仑16岁便当上了少尉，但他遭受到的另外一个打击，就是他父亲的去世。那以后，他不得不从最少的薪金中，省出一部分来帮助母亲。在部队里，他的同伴用多余的时间去追求女人和赌博。而他也由于身材矮小的原因没有资格得到以前的那个职位，同时，他的贫困也使他失掉了后来争取到的职位。于是，他改变方针，用埋头读书的方法，去努力和他们竞争。读书是和呼吸一样自由的，因为他可以不花钱在图书馆里借书读，这使他得到了很大的收获。

　　他不读没有意义的书，也不是专以读书来消遣自己的烦闷，而是为自己将来的理想做准备。他下定决心要让全世界的人知道自己的才华。因此，在他选择图书时，也就是以这种决心为选择的范围。他住在一个既小又闷的房间内。在这里，他脸无血色，孤寂、沉闷，但是他却不停地干下去。

　　通过几年的用功，他从读书方面所摘抄下来的记录，后来经印刷出来的就有400多页。他想象自己是一个总司令，将科西嘉岛的地图画出来，地图上清楚地指出哪些地方应当布置防范，这是用数学的方法精确地计算出来的。因此，他数学的才能获得了提高，这使他第一次有机会表现他的能力。

长官看见拿破仑的学问很好，便派他在操练场上执行一些工作，这是需要极复杂的计算能力的。他的工作做得极好，于是他获得了新的机会，拿破仑开始走上有权势的道路。

这时，一切的情形都改变了。从前嘲笑他的人，现在都拥到他面前来，想分享一点他得到的奖金；从前轻视他的人，现在都希望成为他的朋友；从前挖苦他矮小、无用、死用功的人，现在也都尊重他。他们都变成了他的忠心拥戴者。

难道这是天才所造就的奇迹吗？拿破仑确实聪明，但他也确实肯下功夫，不过还是有一种力量比知识或聪明来得更重要，那就是用坚忍的毅力直面眼前的困难。如果你决心要战胜困难，那你就要心甘情愿地不断干下去，以达到你的目的。

可以说，只要我们活在世上，困境就不可能消除，生活在这个世界上的人，不论是谁，生活总脱离不了艰难险阻，心里不可能没有困惑和疑虑，否则人生就没有了意义。

人们常说，人生如棋。如果什么困难都没有了，那就直接可以将军了，那下棋还有什么意思？人生也是这样，我们的每一步，都要加倍珍惜才对，不能因为一时的受挫，而使自己情绪低落，高兴不起来。其实我们面前的境况，只是我们以前行为的结果而已，我们不必为了当下的得失而影响了后面的人生，否则，损失更大。

人生不可能消除困境，乐观的人视困境为对自己的恩赐，这是一种新的生活态度，也是一种新的境界。承认人生困境不可根除的人是勇敢的人，他不再寄希望于命运的垂青和优待，也不依靠他人的赠予，而是精神上的一种新境界，不必恐慌，不必逃避，更不怨恨，镇定地对待困境，总会有被你征服的那一天。

　　因此，我们要正视困境，我们的心胸可以是浩瀚无边的，我们不希望自己一步到位或一蹴而就地解决我们人生的所有问题。而我们满可以敞开心胸，用快乐的心情一直走到人生的终点。

成功青睐乐观的人

一个演说家说过：乐观是什么？乐观就是转换心情，走出不快，并寄希望于明天，尽全力在今天！有人还说：如果换个心境，就一定会走出困境。但那些悲观的人，总能在机会中看到苦难，乐观的人却总能在困难中发现良机。

哈佛大学心理学博士丹尼尔·高曼曾说过："越艰难的工作，就越需要对事物乐观思考的方式，乐观是最有效的工作策略。"

对于我们大多数人来说，当自己的工作一帆风顺的时候，心里往往感到比较惬意，做什么事情也都表现得很积极乐观。而一旦自己的工作和生活陷入困境，苦苦挣扎难以突破时，立刻就悲哀起来，再也不肯向前迈进半步，欢乐和成功便与自己无缘了。

在香港举行的一次成功论坛上，亚洲首富李嘉诚认为：应该把苦难看成上天对自己的考验，积极进取，凡事都要乐观面对，乐观是脱离失败唯一的灵丹妙药。他还说："我们做生意、创业务的时候，就要屡败屡战，愈挫愈勇。或许顾客'移情别恋'了，资金紧张了，迁移或关门大吉了等等。面对这些的时候，我们必须懂得乐观相对，以坚强作基，勇敢地从谷底中爬上来。"

痛苦的人之所以痛苦，是因为他们老是惦记着苦痛。本来身上就有了一种不幸了，何必再以精神的苦痛来给自己施加压力呢？哲人

说："只有善于忘却困境的人，才能渐入佳境。"看那些世界上最拔尖的人物，哪一个不是将挫折抛之脑后，然后拼搏不止，满怀信心地向成功的顶峰攀登的模范啊。

对于乐观者来说，挫折和苦难是上帝赐予他们最珍贵的礼物。同样是困境，乐观的人看到满天星斗，悲观的人见到满地污泥。路是人走出来的，好像在原始森林中，没有一条道不是披荆斩棘得来的。天无绝人之路，只要你凭着乐观必胜的精神，肯去思考和寻找，就一定会成功的。

我们应当知道，人生平坦的天然大道少之又少，重走别人走过的平坦之路也不会有大的创新和发展。所以当我们在开拓自己道路的时候，要有乐观的性格，要有与困境作斗争的信心和决心，这样才有可能逢凶化吉，转危为安。

当人生处于不景气的时候，悲观的人选择埋怨，乐观的人选择努力创造；悲观的人等待机会，听凭命运的摆布，乐观的人积极主动创造机会，积极杀出一条血路。

克里米亚战争中，有一枚炮弹击中一个城堡后，炸毁了一座美丽的花园。可就在炮弹炸开的弹坑里，源源不断地流出泉水来，后来这里成了一个著名的喷泉景点。不幸和苦难，如同那颗炮弹一样将我们的心灵炸破，而那被炸开的缝隙里，也许就可以流出奋斗的泉水来。很多人总是至了丧失一切、走投无路的地步之时才发现自己的力量，灾祸的折磨有时反而会使人发掘出真正的自我。困难与挫折，就像锤子和凿子，能把生命雕琢得更加美丽动人。一个著名的科学家曾说过，困难总可以使他有新的发现。

失败往往有唤醒睡狮、激发人潜能的力量，引导人走上成功的道路。勇敢的人，总可以转逆为顺，如同河蚌能将沙粒包裹成珍珠一样。

一旦雏鹰学会了起飞，老鹰便立即将他们逐出鹰巢，让他们在空中接受飞翔的锻炼。也正由于有了这种锻炼，成就了本领，雏鹰才能成长为百鸟之王，才能凶猛敏捷，才成了追捕猎物的高手。

那些在幼年常经受挫折的孩子，日后往往有大的发展；那些从小一帆风顺的人，反而难有出息。斯潘琴说："许多人的生命之所以伟大，是因为他们承受了巨大的苦难。"杰出的才干往往是从苦难的烈焰中冶炼出来的，从苦难的坚石上磨砺出来的。

世界上有成千上万的人没受过苦难的磨炼，无法激发本身的潜能，因而无法淋漓尽致地发挥自己的才能。只有努力奋斗的人才能获得成功。

苦难与挫折并不总是我们的仇人，某种意义上，它们能带给我们恩惠。因为我们每个人都有逆反的心理，这种逆反心理可以在人体内发展成为巨大的反抗力量。而苦难与挫折的出现，能激发我们的逆反心理，产生克服障碍，战胜困难的巨大力量。这就好像森林里的橡树，经过千百次风吹雨打，不但没有折毁，反而愈见挺拔。苦难正是暴风雨，它使我们遭受痛苦，同时也激发我们的才能，使我们得到锻炼。

真正勇敢的人，环境愈是恶劣，反而愈加奋勇，不战栗不退缩，意志坚定，昂首阔步；他敢于正视困难，嘲笑厄运；贫困不足以损他分毫，反而只会增强他的意志、力量和决心，使他成为杰出的人。对

于勇者，不幸的命运无法阻挡他前进的步伐。苦难不是长久的，强者才可以永远存在。

犹太人有史以来就一再受到异族的压迫，可正是这个苦难的民族贡献了世界上最可贵的诗歌、最明智的箴言、最动听的音乐。似乎对于犹太人而言，正是压迫造就了他们的繁荣。直到现在犹太人仍然很富有，不少国家的经济命脉几乎就掌握在犹太人手中。

总之，我们要学会判断自己究竟是不是一个乐观的人，如果不是，我们应当采取哪些有效的方式方法使自己变得乐观？因为我们能从乐观的幻想和憧憬中汲取力量，使不利局面向着有利转变，使我们一直向前走，在逆境中不断克服超越，使前途永远有希望。

快乐掌握在自己手中

快乐既然是一种心境，那我们就有权决定自己高兴不高兴，快乐不快乐。只要我们不受外界因素的迷惑，快乐事实上就在我们自己的手中。

47岁的美国人南希，在众人的眼中是一个成功的职业女性。她独立、能干，有私人小汽车，在郊区还有一套不错的大房子，经常有机会出入一些重要聚会。有很多人都羡慕南希，可是她却有许多别人不知道的烦恼。南希说："虽然我的一些成就让人刮目相看，但我却想不通大家在夸赞我什么。我这一辈子都在努力成就这样或那样的事，可是现在我却怀疑'成就'究竟是指什么了。我永远在压力下工作，没有时间结交真正的朋友。就算我有时间，我也不知道该如何结识朋友了。我一直在用工作来逃避必须解决的个人问题，所以我一个任务接一个任务地去完成，不给自己时间去想一想我为什么要工作。假如时间可以退回去10年，我会早一些放慢脚步考虑一下，学会用心地去生活，那就不会像现在这样感觉匮乏了。"

过一种简单的生活，这是一种全新的生活艺术和哲学。它首先是外部生活环境的简单化，因为当你不需要为外在的生活花费更多的时间和精力的时候，才能为你的内在生活提供更大的空间与平静。其次是内在生活的调整和简单化，这时候的你就可以更加深层地认识自我

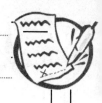

的本质。现代医学已经证明，人的身体和精神是紧密联系在一起的，当人的身体被调整到最佳状态时，人的精神才有可能进入轻松时刻；而当人的身体和精神进入佳境时，人的灵魂，也就是人的生命力才能更加旺盛，然后才能达到更上一层楼的境界。

你是否体验了刚刚从身边溜走的生活？你是否真正明白自己现在的感受？你的时间为什么总是很紧张？有没有更简单一些的生活方式？也许你早已经习惯了都市快节奏的生活，你不必离开它，更不必让生活后退，你只需要换一个视角，换一种态度，改变那些需要改变的、繁杂的、无真实意义的生活，然后全身心地投入到自己的生活中。无论你是在城市还是在乡村，无论你是贫穷还是富有，无论你是在美国还是在中国，你都可以享受到生活的酸甜苦辣，都可以感受蓝天、空气、阳光和大自然的魅力，都可以追求人与人之间的亲情、爱情和友谊，进而营造快乐的生活氛围。

很多人习惯于从别人的肯定中获得快乐，而很少从别人的否定中肯定自我，这其实是一种前进之道，也可以找回真实的自己，而那些习惯于别人肯定的人，常因别人附和他的喜好，而使自己迷失。

成熟有智慧的人不必乞求别人使他快乐。他把快乐的钥匙紧攥在自己的手里面，永远掌握着自己的快乐。他们还是快乐的传播者，能把快乐带给别人。但对于我们大多数人而言却常常在不经意中把快乐的钥匙交付别人保管。一位长期待字闺中的女人说："我过得很失落，属于我的郎君在哪里？"她把快乐的钥匙放在未来的郎君手里。一位失恋的小伙子说："我过得很烦恼，我怎么才能打动她的心？"他把快乐的钥匙放在恋人的手里。一位官员说："我过得很郁闷，什

么时候我的官职再升三级？"官员把快乐的钥匙放在乌纱帽上。一位自卑的人说："我过得不快乐，周围的人都看不起我。"自卑者把快乐的钥匙放在周围人的手中。

　　像这样的事例举不胜举，但有一点我们需要加以说明的是，生活中的这些人都犯了同一个错误：让别人来控制他的快乐。生活中是有很多人无法掌控自己的快乐的，他们可怜到任人摆布，而这种人也往往不会讨人喜欢。

　　其实，生活对我们来说，好像一面镜子，你对它哭，它就哭；你对它笑，它就笑。这表明乐观的生活态度也可以使人快乐。我们不要因为外在的环境而影响我们的快乐，哪怕是不幸的遭遇，最重要的是我们要扬起生活的风帆，坦然地面对和前进。

幸福是一种态度

　　人类最伟大的目标，不是单个人的幸福，而是每个人的幸福。人生在世苦恼多，绝对不可能事事如愿，幸福就是愉快地活着。你如果遇到不快乐的事情，不可盲目生气，试着坦然一点，说不定你会从中找出很多乐趣来。因为一个真正的人，看见自己周围还有穷困、灾难、忧虑的时候，他是不可能幸福的。幸福不是自私自利、妄自尊大。它是仁慈博爱、济世安民。譬如，一个人经历过饥饿之后，他就不希望世上再有饥饿；经历过战争之后，他就会谴责杀人行径；非正义唤起他对正义的追求。

　　幸福不在于我们必须拥有多少财富，它的本质是能够在精神上持续快乐。对于一个贪婪不满足的人来说，即使他是王室、贵族或拥有万贯家财也难以高兴起来，甚至给他一个国家也不能使其幸福。他们总认为自己过得不幸福。我们对此也只能认为他们很"不幸"了。相反，那些普普通通、生活还不怎么富裕的人，勤奋吃苦，对生活充满了乐观自信，即使是家庭或事业上的小事，他也就会倍感快乐。这样的人一定会幸福的，别人也无法阻止他的快乐，他也因此而感到幸福。

　　所以，财富并不能决定我们的幸福，有的人有着巨额财富和崇高地位，可他们一点也快乐不起来，他们在比他们还优越的人面前唯唯诺诺，唯恐某一天丢了位置，抑或丢掉脑袋。

幸福不可能完美无缺，玫瑰花总是有刺的。如果要享受幸福，就要连同其苦果也承受下来。现在，科学家还没有发明出一种办法——可以把幸福中的"苦果"分离出去。

人的烦恼，多半来自自私、贪婪，来自妒忌、攀比，来自自己对自己的苛求。我们往往过于物质化，人为地夸大了幸福的标准，把幸福当作一件可以炫耀的外衣；或者说，我们眼里的幸福，与个人物质欲望的满足太多地联系在一起，以致当我们得不到这方面的满足时，就会心生怨气。也许，正是因为我们现有的思维方式和处世方式，影响了我们对幸福的感受。

也许生活中始终会有很多的不如意，但不足以剥夺我们对幸福的体验。

有个大富翁，家有良田万顷，身边妻妾成群，可日子过得并不开心。挨着他家高墙的外面，住着一户穷铁匠，夫妻俩整天有说有笑，日子过得很开心。一天，富翁老婆听见隔壁夫妻俩唱歌，便对富翁说："我们虽然有万贯家产，还不如穷铁匠开心！"富翁想了想，笑着说："我能叫他们明天就唱不出来！"于是拿了两根金条，从墙头上扔了过去。

打铁的夫妻俩第二天打扫院子时，发现不明不白的两根金条，心里又高兴，又紧张。为了这两根来历不明的金条，他们连铁匠炉子上的活计也丢下不干了。男的说："咱们用金条置些好田地。"女的说："不行！金条让人发现的话，会怀疑是我们偷来的。"男的说："把金条藏在壁炉里。"女的摇摇头说："藏在壁炉里，会叫孩子偷去。"他俩商量来讨论去，谁也想不出好办法。

　　从此，夫妻俩吃饭不香，觉也睡不安稳，当然，再也听不到他俩的欢笑和歌声了。富翁对他老婆说："你看，他们不再说笑，不再唱歌了吧！办法，就这么简单。"

　　幸福，不是一种永久的状态。在人世间，一切都在不停地流动，任何事物，都不可能保有不变的形式。我们周围的一切都在变化。我们自己也在变化，谁也不敢说，他今天所拥有的东西，明天还将继续存在。因此，争取至上的幸福的盘算，不过是一种空想。不要动辄把满足的心情驱走；也千万别打算把它拴住，因为这纯属痴心妄想。

　　幸福，并没有挂上一块招牌，不过，它可以从一个人的眼神、举止、口吻、步伐中看出来。它还能感染到他人。而且，一个人必须拥有对人生的希望，他才能感到幸福。

　　就创造而言，幸福并不是在获得成功之初那令人神魂颠倒的时刻，而是在创作那些尚无人看过的艺术品的时候。在那些漫漫长夜里，艺术家沉浸在那些令人兴奋的希望和幻想之中，沉浸在对作品的无比热爱之中。那时，艺术家同幻想、同自我创造的那些主题生活在一起，一如同自己的亲人、同真实的人们共同生活在一起。

　　幸福是每个小小心愿的满足给你带来的美好感觉。幸福是朴实的，它存在于生活中的每时每刻。它不一定是物质的，也不能被量化。其实，要获得它并不难，但是至少，需要你有一颗懂得欣赏、充满感激的、安宁的心。

　　最大的幸福是拥有自由的良心，比起英雄主义、比起美丽和圣洁，这更为难能可贵。它不受任何约束，没有任何偏见，也不崇拜任何偶像。它摒弃一切阶级、阶层、民族和宗教的信条。这是真正的人

的灵魂，它有勇气和诚意，用自己的眼睛观察，用自己的心灵去爱，用自己的理智去判断。

综上所述，人类永恒的追求是幸福，幸福体现的就是快乐，即精神上的满足。所以幸福就是愉快地活着，否则，即使我们拥有金山银海也难以有幸福可言。

第四章
快乐自己

　　快乐很少会亲自降临到每个人的头上，它需要我们去寻找，去创造。对于每个人而言，要想在生活中感觉到乐趣，就必须学会寻找快乐。快乐是人生中的一味精神良药，是抹平一切的最佳物质。去寻找它，并拥有它，现在就开始行动吧！

找到你的兴趣

古人说："人无癖不可交"，指的是没有兴趣爱好的人，他们是不可交往的人，有兴趣的人则可以共同分享他们兴趣快乐的所在。所以，要培养自己的一些兴趣，以充实和丰富我们的生活。否则，没有兴趣的人生，生活何其乏味!

著名的畅销书作家韩娜曾写过一本书，书名叫《找准自己的位置》。他在书中写道："一个人只有找准了自己的位置，才能对别人感兴趣。看看那些对别人不感兴趣的人吧，他们的一生中的困难最多，对别人的伤害也最大。所有人类的失败，都出自这种人。"

风靡世界的魔术大师华泽丝顿没有接受过正规的学校教育，他很小的时候就离家出走，成为一名流浪者，搭货车，睡谷堆，沿门求乞，通过铁路旁的标牌学习识字。但是他却获得了空前的成功，在四十年的时间里，他到世界各地，一再地创造幻象，令观众迷醉，使大家吃惊得喘不过气来，他在世界各地为六千万名观众演出，被公认为魔术师中的魔术师。他是一个表演大师，了解人类的天性。他的所作所为，每一个手势，每一个语气，每一个眉毛上扬的动作，都在事先很仔细地预习过，而他的动作也配合得分毫不差。我请华泽丝顿先生告诉我他成功的秘诀。他说，他所掌握的魔术手法跟其他同行一样多，并没有什么特别。但是有两样东西却是别人所没有的:一是他能在

舞台上彰显自己的个性；二是他了解人类的天性，喜欢别人对自己感兴趣。

他说："许多魔术师看着观众时心底总是对自己说：'瞧，台下的这帮傻子，略施小技就可以把他们骗得晕头转向。'而我每次上台前总对自己说：'我很感激，这么多人来看我的表演，他们使我能够过上一种很舒适的生活。我要用满腔的热情和最高明的手法来满足他们的期望。'"

但是，世界上却总有不少的人错误地选择了只使别人对他们感兴趣！其实如果你真心地对别人感兴趣，两个月内你交到的朋友可能比一个只知道要求别人对他感兴趣的人两年内所交的朋友还要多。

在我们的身边，总有很多的人在为生活奔波着，他们为了生活不仅身心疲惫，也为收入不高而感到十分消极。为什么？因为他们所想的一直是他们所要的，却没有考虑他应该对什么样的人感兴趣，结果就使他们自己陷入了一种绝境。所以说，在我们的生活中，我们要想一想怎样为别人付出，我们才能创造出一种非常有价值的东西。

当然，世界上不乏贪婪、自私的人，因此，少数不自私而真心帮助别人的人，就会有很大的收获。他没有什么竞争者。欧文梅说："一个能从别人的观点来看事情、能了解别人心灵活动的人，永远不必为自己的前途担心。"如果一天到晚只奔波于家和单位之间，除了吃饭、工作和睡觉之外，只过那种两点一线的生活，我们生活得是不是太过单调和乏味了？兴趣有如阳光一样，是我们每一个人所需要的，它对我们的生活能够起到一种调剂的作用。人生如果没有了兴趣，我们缺少的就不仅仅是超越物质的那份享受，有了兴趣我们的生活才有

了激情和热忱及无限创新的可能。兴趣能使不同的人走到一起，使人与人之间的心灵更容易协商和沟通。

一个人一生的追求可能源于自己的兴趣，由于兴趣，人生得以充实有意义，如果人没有了兴趣，我们这个世界除了单调之外，更多的会被嫉妒所填充着，那么，人生将会缺少多少快乐。

人的兴趣爱好有时能够显示出一个人的身份、地位和财富。例如，如果有人喜欢打高尔夫球，则会显出他的财富。如果有人喜欢收藏古董或古钱币，这不仅能显出他的财富，而且还能显示他渊博的文化艺术修养。

有了兴趣，才有了信仰，如坐禅和诵经等等。甚至有时候，我们羡慕别人在某个领域的贡献和成就，而自己也产生了新的向往，也能培养出那方面的兴趣，甚至也能成就别人那样的业绩。另外，一些有心人能够从兴趣中发展自己的专长，不但满足了自己的兴趣，而且造福了人类，为人类做出了贡献。

做什么都不能走极端，对待兴趣也是这样，不管你的兴趣基于什么原因，我们不能养成不良的嗜好，有的人嗜酒如命，有的人对吸毒有着强烈的好奇心，有的人陷入狂赌中无法自拔，这可是自己最大的罪过了。与其说这是一种兴趣，不如说这是一种癖病或玩物丧志。最后还有就是，行使自己的兴趣的时候，不能危害他人的利益，比如，有的人以破坏为乐趣，其实这算不得什么兴趣了，只能说是一种恶行罢了。

特别是老年人，兴趣可以使他们充实地度过余生，而不必忍受孤独和寂寞。兴趣使他们的人生有了光彩，有的甚至还会是一些有价值

的事物，有的人能把兴趣发扬光大，使全社会受益。

　　兴趣最积极的意义便是可以开发我们的无限潜能，是我们日常生活的寄托和调剂。一个人如果从事了自己感兴趣的事情，则是一种幸运。即使我们没有从事自己的喜好，我们也要积极起来，主动寻找生活的兴趣所在，乐在生活中。

运动赋予快乐

俗话说，运动是生命的马达。运动可以使我们得到锻炼和调节，可以使我们保持一个健康的身体，还可以创造快乐和美。

每个人工作都有疲倦和提不起精神的时候，如果你感到头晕目眩，也就是你需要休息的时候。这时，我们可以到户外散散步，打打球，去一下健身房或者洗个澡。回来后，都能给我们带来轻松的享受，这时，我们的大脑清醒了，心情愉快了，我们又投入了富有成效的工作中。

从医学角度来讲，运动不仅能促进全身的血液循环，可以提高我们的心肺功能，重要的是它能促使人体分泌"脑内吗啡"，它是我们人体中可支配心理和行为的啡肽类物质，它的魔力在于，它能够起到振奋人心的作用，被科学家们称为"快乐素"，就是因为它使我们产生愉快的感觉，有助于人们的心理健康，使人们快乐。这种被称作"快乐素"的东西，在我们的大脑中只能存在两三天，即我们只能享受两三天的快乐日子。如果经常坚持锻炼的话，大约在半年的时间，大脑中就会分泌内啡肽，一旦停止运动，这种内啡呔就会慢慢停止分泌，几天后就不存在了。

另外，科学家还发现了一种"快乐素"，它在血管中好像一个垃圾清扫工一样，能够清除血管壁上附着的东西，使血管更畅通，更富

有弹性，确保大脑足够的血液供应，以保持精神充足。

其实，能够让人产生快乐的，不仅限于这两种物质，还有各种"荷尔蒙"，像肾上腺素，脑磷酸等等，以上这些都叫"脑内吗啡"。能够让人感到快乐的荷尔蒙大约有20种，其作用方式程度不同，但是药理功能却是大致相同的。其中最能引起强烈快乐感的荷尔蒙是B内啡呔，快感效力是毒品吗啡的五六倍。

经常性的体育运动能够促使人体产生"脑内吗啡"，另外，一些积极的行为也会诱发脑内吗啡，比如，凡事向前看，必有好结果，做事有信心，有希望，事情总往好的方面去想等等。

总而言之，"脑内吗啡"对我们的生理和心理健康都十分重要，长时期的体育锻炼，使我们大脑中的"脑内吗啡"源源不断的产生出来，我们就能从生活中得到更多的快乐，本来属于我们的压力也会减轻许多。

运动可使你的身体恢复活力，运动是消除全身紧张最有效的方法。这是心理学家们所认同的，对安定疲劳的神经有很好的效果。

由此，我们可以选择一种适合我们自己的运动，使之成为生活中的一部分，关键的是，在运动中放松心情，达到休息调节的目的。

当然，我们毕竟不是运动员，也不是参加什么比赛，我们运动，只是一种身心的愉悦活动而已，不能过于讲究技巧，而忘记自己运动的目的。否则，我们可能因为运动中的一点小小的失败，产生一些不快乐的感觉，这就失去了休闲的意义，这是不可取的。

任何一项活动，它的目的都在于活动的过程，在于其中的快乐。富有刺激或技巧的运动当然可以从事，但不要过于计较得失，如果把

它当作生活的一种竞争，又极可能成为我们情绪紧张和精神疲劳的来源，违背了运动的初衷。

最后，还要注意运动中的身体力行和均衡问题，否则，你怎么也不会快乐起来。

让工作成为享乐

工作就是享乐，把自己喜欢的并且乐在其中的事情当成使命来做，就能发掘出自己特有的潜力。如果我们能保持一种积极的心态，即使是辛苦枯燥的工作，也能从中感受到享乐的价值，在你完成使命的同时，会发现成功之芽正在萌发。

俗话说，不玩耍，聪明的孩子也变傻。娱乐对于我们来说，是一件多么重要的事情，如果能在工作中找到乐趣，就是一件非常愉快的事情。我们面临的问题是，我们怎样才能在工作中找到快乐呢？

有的人一想到工作，立刻如临大敌，好像一个被迫做着家庭作业的孩子，动作上在做着工作，可心思却是被动的，效率和成果也就谈不上了。与其说工作就是一场战斗，不如说工作是一种生活更实在一些，战斗意味着拼杀，工作不应该是这样，工作应是从从容容地去做。

不同的人对工作有不同的感受，有的人把工作当成战斗，甚至当成上刀山，下火海，工作时，总想避重就轻地做事情。工作真的是一场战斗吗？有这种想法的人生活得确实够累的。建议不妨把工作当成一场有趣的球赛，或者是一顿丰盛的晚餐，说不定会带给自己意想不到的效果。正如那些人，他们把工作当成一种享受和快乐，总想多做一些事情，工作中他们是忘记了自己，属于他们的成果堆积如山。

　　在我们的周围，总能看到一些人工作忙忙碌碌，手忙脚乱，总是被动地做着一切。这种工作状态是不会体会到工作的快乐的，只有那些在工作中专心投入，轻松愉快又充满无穷探索精神的人才是工作的主人，他们才能感到人生真正的喜悦。很多明智的人都认为工作的最高境界就是一种享乐，又有一些人的观点更惊人：工作就是玩。生活中，我们总能看到一些人对工作忘情的投入，看到那种情形着实令人羡慕。

　　大凡成功的人都是从工作杰出中走出来的，他们的成功之路，就是一条充满快乐的人生征途，哪怕是吃着黄连唱歌——以苦为乐，他们从不沮丧和自暴自弃，为了成功，他们全力以赴，快乐地工作着。当然，并不是所有的道路一定都充满着鲜花，但愉悦的工作可以使我们学会很多东西。我们追求工作的快乐其实就是追求幸福快乐的过程，希望自己拥有一个美好而温馨的日子。走的路多了，总有一条路上开满了鲜花，通向辉煌。

　　一个人如果能从工作获得快乐，那么他就不会感到工作的苦，可能使他成为一名技术高手，可能使他成为一名力挽狂澜的管理大师。哪怕是一份简单平庸的工作，也能给我们带来快乐，也能增加我们的威望和财富。

　　现在，很多企业的文化中心提倡"工作就是娱乐"的理念，这是一种聪明高超的管理方法，员工如果能从工作中得到乐趣，这种来源于工作，又能推动工作的愉快感受，就会给我们提供绵绵不绝的动力，从而大大激发我们的潜力，这就是工作的最高境界。

　　总之，快乐工作是一份责任心，是送给老板最好的礼物。当我们明白从任何事件和遭遇中都可以发掘快乐，都可以提升自我的道理时，我们的工作便成为了一种享乐.

　　社会学家瓦那梅克先生早就忠告过我们："在他看来，一个人除非对他的工作，他的未来怀有积极进取的愿望，并乐意去做，否则他肯定是做不出什么成就的，事实上，你如果有积极的进取心，你的身上就会产生十分惊人的力量。"

做喜欢的事情

你不要走一条被大众认为正确或有价值的路，要坚持走自己想走、自己爱走、自己梦想的路，这样，自己选定的路无怨无悔，还会一往无前地走到底，而且自己还会充满快乐。

金融家罗伊先生的儿子雷特，从小就在许多方面表现出不同寻常的天赋。在庆祝雷特6岁荣获儿童绘画大奖时，罗伊先生问儿子："长大以后你希望做什么？"小雷特张开塞满甜点的嘴嘟噜道："我想当个糕点师，给您做最棒的布朗尼蛋糕。"当时，罗伊先生并没有把儿子的话当真。

小雷特高中毕业时，罗伊先生把搜集来的许多报考资料交给儿子，让他自己做出选择。可是，雷特对那些优秀的高等学府却不屑一顾，他说："我要报考烹饪学院，以后当一名很棒很棒的糕点师。"

这么优秀的儿子竟然真的想当糕点师，这让罗伊先生心里很不平衡。

不久，雷特报考的3所烹饪学院，竟意外地无一考取。雷特伤心过后，又主动向父亲要回那些曾被自己推掉的优秀高等学府资料。

几年后，雷特以优异成绩从大学毕业，进了父亲的公司工作。雷特很快凭着自己的才华在金融界崭露头角，这正如罗伊先生所愿。然而，儿子身上却有着某种忧郁，这让他一直困惑不解。

一天深夜，罗伊先生发现厨房里透出灯光，便蹑手蹑脚地走过去。他看见雷特正专心致志地将一些奶油、巧克力、香草精、新鲜鸡蛋分类化开、混合，又将面粉和泡打粉一起搅拌均匀，然后倒入模具放进电烤箱。

"嗨，你在干什么？"罗伊先生好奇地问。雷特脸上洋溢着得意的笑容回答："我在给您做布朗尼蛋糕。"这灿烂的笑容，只在儿子当年想当糕点师时才有过，父亲已经很久不曾看见了。

罗伊先生的眼睛湿润了，他很认真地问雷特："这么多年，你工作得并不快乐，对不对？"雷特答非所问："可我一直干得很出色啊！"罗伊先生咬了一口刚烤好的蛋糕，说："我一直为有一个出色的儿子而自豪，可是现在我才发现，原来拥有一个快乐的儿子更重要。"

说完，罗伊先生从保险柜里拿出雷特当年考取烹饪学院的成绩单，全是优秀记录。原来，当时他用金钱买断了这些事实。

几天后，雷特宣布辞去公司所有职务，罗伊先生也向朋友们发出晚会邀请，他微笑着当众宣布："今天请诸位来，是庆祝我儿子雷特正式经营一家糕点店，因为他一直想做一个快乐的糕点师，他一定能做出世界上最棒的布朗尼蛋糕。"

如果你一不小心打开了一扇成功的大门，同时关闭了自己的快乐之门。那么，你不需要考虑，要及时地抽身而退，去做令自己快乐的事情，因为有时快乐比成功更重要。

如果你在做着自己不喜欢的工作，你也不必逃避，你不妨试着去热爱。正如成功学家卡耐基所说："如果上帝给你一个柠檬，你就做

一杯柠檬汁吧。"这种超然的态度往往会使你做出一番成绩的。

　　如果你喜欢一份工作或一件事情，你就应该把它当成自己的爱好，并在其中找到自己的乐趣所在，这样你就会觉得很有意思。做什么工作或事情，你不要在乎别人的眼光，别人的观点和看法，重要的是它能给自己带来什么，有的是物质上的财富，有的是精神上的愉悦……自己决定的是：自己喜欢和想要的又是什么。

与人分享快乐

将快乐与他人分享会给更多人带去快乐，痛苦有人分担就会减轻。当人们快乐时，喜欢把高兴的事情讲给别人听，希望可以把自己的快乐分享给别人，但当人们遭遇不幸、痛苦时，大多数都选择自我承受，不愿意与别人分担。在很多人眼里，向别人诉说痛苦就等于把痛苦带给别人，于是，他们宁肯把痛苦藏在肚子里也愿把不幸传播给别人。其实，有些时候，当我们无法承受生命之重时，往往很需要找一个可以信赖的人分担一下。这样做既可以缓解内心的压抑，还会从中找到解决的办法。一个人在承受痛苦时，非常需要别人给予安慰和支持，这不但可以使痛苦减少，还能重新建立信心。

一个佛学大师身边有一个喜欢抱怨的弟子。有一天，他派这个弟子去买盐。回来后，大师吩咐这个不快乐的年轻人抓一把盐放在水中，然后喝了它。大师问："味道如何？"弟子龇牙咧嘴的吐了口唾沫后说："很苦。"大师又吩咐年轻人把剩下的盐放进附近的湖里，然后对他说："再尝尝湖水。"年轻人手捧湖水尝了尝。大师问道："什么味道？"弟子回答说："很新鲜。"大师问："你尝到苦涩了吗？"年轻人回答说："没有。"这时大师笑了笑说："生命中的痛苦就像是盐，不多，也不少。我们生活中遇到的痛苦就这么多。但是，我们体验到的痛苦却取决于将它盛放在多大的容器中。所以当你

处于痛苦时，只要学会找一个更大的容器分担就可以了。"

英国哲学家弗兰西斯·培根说："如果把快乐告诉一个朋友，你将得到两个快乐，而如果你把忧愁向一个朋友倾吐，你将被分掉一半忧愁。"在有些时候，痛苦和快乐一样，它同样需要与人分担，这样会将痛苦减少。我们应该学会与人分担痛苦，而不是将所有痛苦都一人扛着。遭遇痛苦懂得与人分担，拥有快乐更要懂得与人分享。一个肯把自己的快乐分享给别人的人，当自己痛苦时，别人才愿意与自己分担，这就如同有付出才会有回报一样。

一天，佛祖闲来无事，从地狱的入口往下望去，看见无数生前作恶多端的人正为前世的邪恶饱受地狱之苦的煎熬，脸上显示出无比痛苦的表情。

此时，一个强盗偶然抬头看到了慈悲的佛祖，马上祈求佛祖救他。佛祖知道这个人生前是一个无恶不作的强盗，他抢劫财物，残杀生灵，唯一可喜的是，有一次，他走路的时候，正要踩到一只小蜘蛛时，突然心生善念，移开了脚步，放过了那只小蜘蛛。佛祖念他有一丝善心，于是决定用那只小蜘蛛的力量救他脱离苦海。

于是，佛祖垂下去一根蜘蛛丝，强盗发现后，拼命抓住了那根蜘蛛丝，然后用尽全力使劲往上爬。可是其他受煎熬的人看到了这样的机会都蜂拥而上拼命抓住那根蜘蛛丝，也都往上爬。慢慢的蜘蛛丝上的人越来越多，强盗担心蜘蛛丝太细，不能承受那么多人的重量，于是便用刀将自己身下的蜘蛛丝砍断了。结果，蜘蛛丝就在他砍断的那一刹那突然消失了，所有爬上蜘蛛丝的人又重新跌入万劫不复的地狱。实际上，假如强盗能够有一丝怜悯之心，能够与他人分享生存的机会，佛祖就会救他脱离苦海。但是他没有做到，所以，他也失去了很好的机会。

　　快乐是一种很奇怪的东西，无论与多少人分享，它都不会消失，相反，还会变得更加快乐。我们要将自己的快乐与人分享，这样我们才能从中体会到更多的幸福和快乐。反之，如果你是一个独享快乐、不懂分享的人，你不但不会体会到什么才是真正的快乐，也不会有任何人愿意与你分担痛苦。那么，你的生活注定会是孤独的，无助的。

快乐无处不在

对于有些人来说，快乐是一种奢侈品，它是这些人追求的目标，可却很难得到；还有另外一些人，他们觉得快乐并不是一种仰望的东西，自己很容易就能感受得到。

一个美国记者到墨西哥的一个部落里采访。那天，正好赶上是一个集市日，当地的土著人都把自己的物品拿到集市上来交易。这位记者看见一个年迈的老太太在一个角落里卖柠檬。"柠檬！柠檬！五美分一个！"老人有气无力地喊着。

老太太的生意显然不太好，一上午也没卖几个。记者动了恻隐之心，打算把老太太的柠檬全部买下来，以使她能"高高兴兴地早些回家"。

当他把自己的想法告诉老太太时，老太太的回答让他大吃一惊："我现在都卖给你了？那我下午卖什么？"

人们总是把幸福和快乐定于财富、世界名车、独一无二的豪宅上面，这些成为有些人一生追求的目标。对于那些只渴望得到以上这些东西的人而言，只有有了这些，他们才能拥有快乐。因此，快乐对于这些人而言，便成了一种奢侈品。而对于这位老太太来说，踏踏实实的生活，体会身边发生的点滴事情，同样可以感受到快乐。

真实的生活，往往会给人们带来无穷的乐趣，只要你懂得去感

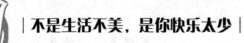

受，你就一定会有所收获。相反，很多人都在拼命追求的那些东西：财富，荣誉，不见得一定会给人们带来快乐，人们往往无法从中体会到生活的乐趣。

有一位为了金钱忙得焦头烂额而且并不快乐的爸爸问女儿："你快乐吗？"女儿高兴地回答说："快乐。"迷惑不解的爸爸说："那什么是快乐呢？"女儿天真地回答说："比如现在，我们都吃完了晚饭，你陪我在楼顶看星星，我感觉很快乐。"迷惑的爸爸一下子就清楚了自己不快乐的原因了。

其实，往往就是那些生活中的小事，谁也无心在意，可是能够以一颗真实的心去感受生活的人总是能发现更多的快乐，那些藏在细微中的感动，总会在某一个角落期许我们发现，我们不能感受到它的原因是我们想要得到的太多，从而使它从我们身边悄悄地溜走了。

让你们感受到快乐的并不一定偏是那些惊心动魄的大事，如果你懂得感受，生活中很多细微的小事，同样可以给我们带来无穷的快乐。话说回来，人生又能有几次惊心动魄的大事呢，如果全指望这些很少发生的大事给自己带来快乐，那人生岂不是很悲哀。生活是由一件件小事串联而成的，在每一个点滴的记忆中都融汇着快乐，如果我们能认真的去感受，快乐自然就会围绕在我们身边。所以说，能给我们带来更多快乐的并不是那些惊心动魄的大事，而是生活中那些细微的小事。

假如你稍加留意，你就会发现，生活中很多地方都可以让我们感受到快乐，而且这种快乐是那么的真实。

李娜是一个性格内向的人，很少与别人交流，因此她周围的朋友

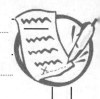

总是很少。后来上了大学，新的环境更加增添了她内心的孤独感，但她仍然喜欢把自己关在自己的小世界里面。

一次，她生病了，而且病得非常严重。当时宿舍里的同学全都去上课了，只有她一个人孤零零地躺在床上。当时她感到特别委屈，因为生病了也没人在身边照顾。正在这时候，她听到有人在低声喊着自己的名字。睁开眼，原来是舍长，一个脾气温柔的女孩子。原来，舍长发现她当晚不太对劲，放心不下便回来探望。见到李娜病得很重，舍长立马叫来同学，把她送到了医院。

在住院期间，舍长一有时间就会来看望李娜，并且会说很多安慰的话，这让李娜心里感到特别温暖。出院后，她们成了好朋友。在舍长的带动下，李娜也渐渐变得开朗起来，当周围的同学需要帮助时，她总是能挺身而出。同学们对她的态度也越来越热情，而李娜的生活也快乐起来。

生活中发生的很多事都可以让我们从中体会到真实的快乐，支持、帮助、感激、同情，都会产生快乐，如果你能学会去感受，快乐将无处不在。

不要自寻烦恼

生活中总会有这样一些人，他们会因为受到一点点挫折便整日活在忧虑当中，情绪也会因此而变得极为低沉，尽管时间过了很久，可他们始终还是沉浸在因为遭遇挫折而带来的痛苦之中。这样做无非是自寻烦恼，为过去的事情而感到懊悔，或是始终活在失败的阴影下，很显然这是一个非常不明智的选择，这样做，除了给自己增添烦恼以外，不会有一点好处。

一个秀才几次名落孙山之后，就失去了以往开朗的性格，每天都生活在烦恼和忧虑之中，为了改变这种情况，他四处寻找能帮助自己解脱烦恼和忧虑的智者。

一天他经过一片田地，看见一位农夫在田里干活，并一边哼着小调。秀才走上前去对农夫说道："你看起来非常快乐，有什么原因吗？你能否教给我解脱烦恼和忧虑的方法？"农夫停下手中的活，看了看秀才，对他说："你和我一样在田里干活，就什么烦恼都没有了。"秀才很高兴，心想这回终于可以告别痛苦和烦恼了。于是他便和农夫一起干活。可过了好一会儿，他觉得这似乎没有什么用，仍旧很烦恼。秀才离开了农田，继续上路了。

这天，秀才到了一座山脚下，正好看到一位白发老翁在山边的河里钓鱼，看到白发老翁深情怡然、自得其乐的样子，秀才又走了上去，对老翁说："老人家，你能教我如何解脱身上的痛苦和烦恼吗？"白发老翁对秀才说；"年轻人，和我一起钓鱼吧！保管你的烦恼和痛苦一扫而空。"秀才又试了试，可仍然没有什么效果，便又无奈的上路了。

几天以后，秀才来到了一个小山庙里，在那里秀才看到一位老人独坐在棋盘边上下棋，老人面带满足的微笑。秀才向老人深深鞠了一个躬，对老人说明来意。老人面带微笑地看着秀才，问道："我知道你的来意了，你希望找到一位智者帮你解脱烦恼与忧虑是吗？"秀才高兴地回答道："正是如此，希望前辈能帮我这个忙。"

老人转过身去在棋盘上下了一颗棋子，又问秀才："你看这棋盘上白子困住黑子了吗？"

"没有。"

"那么，有困难困住你了吗？"老人问道。

年轻人疑惑地答道："没有。"

"既然没有人困住你，又怎么来解脱你呢？"老人说。

秀才在那儿站了良久，然后整个人仿佛都变了一样，笑着对老人说："谢谢老人家，我懂了。"

老人的一番话使年轻人明白了一个道理：在生活中，很多烦恼都是人们自找的，所有的烦恼和忧虑都是自己把自己困住了，与别人无关。

相信很多人都曾遭遇过类似的经历。例如：我们每天都在想自己会不会失业；会不会迟到；今天是否能将领导安排的任务做好。这样做不但会使生活充满忧虑和苦恼，精力也会因此而不能集中，那么，原本能做好的事情，往往会被自己搞砸。

担忧是最容易让人们变得忧虑的，如果你总是为某些尚未发生的一些事情担忧，那你的生活将很难有快乐存在。退一步想，就以上面的几个例子来说，即便是真的失业了又有什么可怕的呢？我们可以再去找更好的工作；今天迟到了，我们也可以自我安慰。其实对于那些未知的事，我们的猜想都有概率问题。"从统计学来说，最坏和最好的情况出现的概率都是微乎其微的，同时它们的机会也大致相等，所以你不必担心。更何况，如果最坏的结果真被你料到了，你又能怎么办？你的担心能够改变吗？"

很多烦恼都是人们自找的，快乐之所以会离他们远去，是因为他们根本就不懂得去寻找快乐、去享受快乐，却总是充满忧虑的活着。我们要做的是寻找快乐，而不是自寻苦恼，和忧虑说再见，去寻找属于自己的快乐去吧！

第五章
放下心中的贪念

　　贪婪，是很多灾祸的根源。因为贪婪，会导致友谊的破裂；因为贪婪，会使快乐沦为不幸；因为贪婪，生命也会走向死亡。一个贪婪的人，一生注定生活痛苦。得一望十，得十望百的心理使人们走上贪婪的道路。

拒绝贪欲

托尔斯泰说："欲望越小，人生就越幸福。"这句名言是针对那些贪婪自私、欲壑难填的人来说的，它包含着深邃的人生哲理。无度的贪婪，就像压在人们身上的一座大山而招致祸患。古今中外，那些为无休止的欲望葬送一切的人还少吗？

罗马政治家及哲学家塞尼加说："如果你一直觉得不满，那么即使你拥有了整个世界，也会觉得伤心。"细想一下，我们所拥有的整个世界不外乎是：一天三餐，一张睡觉的床，包裹我们自己的衣服，还有与自己有关系的亲朋。这其实很简单，即使一个极平常的人也会享受到这一切，哪怕是一个泥水匠。

现实生活中，我们所拥有的财物，像存款、车子、房子等，还有看不见的亲情和友情，没有一件是永远属于自己的。有的是暂时使用，有的是暂时保管，到了最后，物归何处，不得而知。因此明智的人都把这些视为身外之物。

有很多人为了自己所谓的"得"，而失去了自己的多少东西啊！为了生活，很多人透支着体力，很多人殚精竭虑。为了失去的亲人，很多人透支着伤痛。为了爱情，很多人透支着感情……

不论我们得到或失去什么，都应该把握分寸，适可而止。过度的劳累，脑力的耗尽，抑或悲痛欲绝，抑或大喜过望，像压在心灵上的一座大山，都会造成我们精神上的极大损害。所以，我们对于物质和金钱的索取不要太过贪婪，身边的例子还少吗？他们又有多少人由贪而时时提心吊胆，由贪而变贫，由贪而受到法律的处罚，由贪而丢失性命呀！

当然，人人都向往美好的生活，都希望自己过得幸福快乐一点，这是人之常情，只是这不能超过自己的能力，不能铤而走险或给自己无穷的压力。不要有过度的索取欲望，它会使我们一步步走向崩溃，甚至毁灭。

俗话说，有得必有失。得失是相对的，这主要看你得到的是什么，丢掉的又是什么。如果有超过本身需求的物质欲望，我们不如丢弃物质来换取友谊和亲情。其实，得与失是相辅相成的，你得到多少，就会失去多少。不要过度羡慕那些富甲一方和生活奢侈的人物，他们有的用健康的代价来换取物质的享受，有的是牺牲时间的自由来换取物质财富。说不定他们还会羡慕你呢，羡慕你的轻松和快乐。

所以说，无论做什么，都应该适可而止，做一些力所能及的事情，来换取我们生活所需就可以了。千万不能过于强迫自己，办不可能之事，生活本来应该是快乐的，何必给自己徒增烦恼和压力呢？否则，就好像自己拿着鞭子把自己赶进了监狱或坟墓一样。

生活对于我们每个人来说，是丰富多彩的，有的人贫穷，有的人富足，有的人漂亮，有的人丑陋。贫穷有贫穷的快乐，富裕有富裕的担忧，漂亮有漂亮的烦恼，丑陋也有丑陋的满足。总之，生活总是快乐的。那些老是叫苦连天的人们是否应该反思一下呢？要多学学那些轻松主宰生活的人群，把自己从繁忙的压力中释放出来，而不要把贪婪变成压在你心灵上的一座大山。你还得戒除你吝啬和贪婪的习性。曾有位哲学家指出："对财产先入为主的观念，比其他事更能阻止人们过自由而高尚的生活。"

有一位禁欲苦行的修道者，准备离开他所住的村庄，到无人居住的山中去隐居修行，他只带了一块布当作衣服，就一个人到山中居住了。

后来他想到当他要洗衣服的时候，他需要另外一块布来替换，于是他就下山到村庄中，向村民们乞讨了一块布当作衣服，村民们都知道他是虔诚的修道者，于是毫不考虑地就给了他一块布，当作换洗穿的衣服。

当这位修道者回到山中之后，他发觉在他居住的茅屋里面有一只老鼠，常常会在他专心打坐的时候来咬他那件准备换洗的衣服，他早就发誓一生遵守不杀生的戒律，因此他不愿意去伤害那只老鼠，但是又没有办法赶走它，所以他回到村庄中，向村民要一只猫来饲养。

得到了一只猫之后，他又想了——"猫要吃什么呢？我并不想让猫去吃老鼠，但总不能跟我一样只吃一些水果与野菜吧！"于是他又向村民要了一只乳牛，这样那只猫就可以靠牛奶维生。

在山中居住了一段时间以后，他发觉每天都要花很多的时间来照顾那只母牛，于是他又回到村庄中，找到了一个可怜的流浪汉，带着这个无家可归的流浪汉到山中居住，帮他照顾乳牛。

那个流浪汉在山中居住了一段时间之后，他跟修道者抱怨说："我跟你不一样，我需要一个太太，我要正常的家庭生活。"

修道者想一想也是有道理，他不能强迫别人一定要跟他一样，过着禁欲的苦行生活……

这个故事的最后结果也许你已经猜到了：整个村庄都搬到了山上。

贪欲太多，人生就会变得疲惫不堪，因为心灵之舟不能承受太多的重荷。否则，压在你身上的这座大山，会压得你身心崩溃，不能翻身，甚至粉身碎骨。

知足者常乐

纵观古今中外，在人生重要的关口，要想长久地辉煌下去，有时要学会放弃一些既得利益，放弃是一种睿智和清醒，更是一种智慧和超脱。对于人生来说，放弃意味着幸福和快乐！

古时候，有一个辛勤耕作的农夫，一天到晚忙于田地间，日子虽说算不上富足，倒也美满和快乐。

一天晚上，农夫做了一个美梦，梦见自己在田野里挖出了18个金身罗汉。说来奇怪，第二天，农夫果然在田地里挖出了一个金身罗汉。他的亲朋好友都非常高兴。但农夫却闷闷不乐，一点也高兴不起来，成天心事重重。别人就问他："有了这个金身罗汉，你就成了百万富翁，还有什么不满足的呢？"

农夫忧伤地回答说："我只是在想，自己本来梦见了18个金身罗汉，另外的17个到哪里去了呢？"

俗话说，知足者常乐，贪婪者常悲。对于知足者来说，即使一无所有也有生活的乐趣；对于贪婪者来说，即使得到了一个金身罗汉，也会失去生活的快乐。

我们的人生其实是一个不断选择和放下的过程，但有时鱼与熊掌往往不会兼得，如果你看见什么就想索取什么，想什么就要得到什么，就会成为物质的奴隶。这种以财为重的人生观不是我们人生本身

的意义，更不是一种明智的选择。那些见什么都要抓的人活得又累而又可悲。事实上，他们不但抓不到所期望的东西，而且还会失去既有的东西。得不到，会加重心灵的负担，一个守财奴般的心态是不会有什么快乐和自由可言的，他们常常会身不由己地陷入形形色色的诱惑之中。所以，放弃是一种智慧，它可以给你带来生活的快乐，让你深刻体会到有失必有得的人生真谛。

对于我们来说，短短的一生有如一场旅行，如果我们像蜗牛般负重，压力会容不得我们去欣赏沿途美丽的风光。但如果我们放下身上的一些不必要的重负，人生是不是会变得轻松快乐一些呢？放弃是一种高明的智慧，也是一种人生境界。放弃身上的一切浮华虚荣，人生才能得到升华。

我们生活的这个丰富多彩的物质世界，总会遇到太多太多的诱惑，当你对目前的所有不满足，当你得到更多时，也不见得会快乐。对于平凡的人们来说，快乐的法宝不是增加财富，而是减少欲望，知足常乐。功名利禄，只能带给我们短暂的快乐，唯有以平静的心态投入自己所奉献的工作中去，才会带给我们永恒的快乐。快乐是一种宝贵的财富，它不仅仅是享用，更多的时候是要发掘。当快乐的气息传递到别人身上时，总有几分也会传递给自己。

德国哲学家尼采曾说过："世界如一座花园，展开在我们的面前。"大自然以丰富的物质世界馈赠给我们，我们手上拿着各种欲望，眼睛又看着不属于自己的各种追求，如果不学会放弃自己无度的欲求的话，我们就会与别人争个头破血流，去争那个自己本不需要的累赘。从而走入一种误区，坠入直通痛苦的深渊。

　　罗曼·罗兰说："人生对我们来说是不可再生资源，犹如一块煤，一桶汽油，燃过即完。"短短几十年的人生，对于广阔浩瀚的宇宙来说，实在是微不足道。我们何不快快乐乐地度过短暂的一生，让美丽的世界多一份欢乐和美好呢？一切的恩怨情仇只不过是过眼烟云，为了一点得失而刀光剑影实在没有必要，不如拥有一颗平常心，万事自有定数，只有顺其自然，干自己该干的事，爱自己所爱的人，才会感受到人生的快乐。

　　在现在这个物质文明发达的社会里，我们拥有的已经太多了，人们往往不会满足于已有的东西，以为自己拥有的越多，就越幸福，自己就会越快乐。有时，我们会为了一丁点儿利益没有得到而闷闷不乐，自己有一天终会发现，自身的一切的无奈、忧虑、伤心、困惑都与我们的无休止的欲望有关。有了自己所拥有的，又害怕从自己手中失去，而且还会渴望一些没有得到的东西。这些"害怕失去的"和"渴望得到"像一个沉重的包袱一样，使我们过得格外劳累。

　　上帝赋予我们一双勤劳的双手和一颗智慧的脑袋，我们必须学会正确对待手里抓着的和脑袋里想着的。有时松开你的双手，让大脑得到自由和快乐，才能使我们真正过得幸福快乐。

不被财富所累

汤玛斯·富勒说："满足不在于多加燃料，而在于减少火苗；不在于累积财富，而在于减少欲念。"

人们常说："钱不是万能的，但没有钱是万万不可能的。"而现在的人们都在拼命地追逐财富，拼命地往赚钱的大道上奔跑，跑得心力交瘁而不自知，跑得焦虑重重而不放弃，唯恐自己被时代抛弃。

其实金钱和快乐不能画等号，即使是富甲天下的帝王也并不一定过得愉快。

据说古代有一个国王，拥有大片的国土却快乐不起来，成天心事很重的样子，烦恼极了。他极想改变，便让大臣去寻找世上最快乐的人，给自己解开快乐之谜。

于是，大臣们便四处寻找世上最快乐的人，他们走了一段长长的旅程，首先他们调查了很多当官的人，结果发现他们过得并不快乐，成天和公务打交道，烦恼不堪。他们又去访问了做工的人，发现这些人，成天早出晚归，脸上净是疲惫的神色，同样也不快乐。他们后来去访问农民，农民同样有很多的烦恼。经过对各个阶层的人的调查，他们一致认为：世界上没有活得快乐的人。

正当他们走在复旨的归途中，看到了路边的一个流浪汉，肮脏邋遢的衣服掩饰不住他快乐的表情，他们上前询问发现，这个流浪汉自认为自己是世界上最快乐的人。他没有什么烦恼，走累了，他就躺在地上休息到自然醒，早晨躺在暖烘烘的阳光下晒太阳。渴了，饿了，到街头的人家门口把碗一送。无忧无虑，无牵无挂，自在得很。

这个发现让官员们很惊奇，把这些天的调查翻来覆去地研究了几天，终于得出结论：活在世上本来就是一件很高兴的事情，人们所有的痛苦和不快都是由其内心产生的。

有人这样说过：宫殿里有哭声，茅屋里也有笑声。在这个物质琳琅满目的世界，每一件东西都有各自的属性，它们并不是直接导致我们不快乐的原因。

人们大概都听说过，金钱买不到快乐。但对于在贫困线上苦苦挣扎的人来说，他们并不这样认为，如果生活中多一点金钱，他们认为自己会过得更加快活。但人们一旦满足了基本的生活需要之后，快乐的源泉就主要建立在一些有意义的娱乐活动和丰富的人际关系等因素上。而这些因素与金钱没有直接的关系。国外的一些心理学权威教授曾说过：那些无形的财富比有形的财富更能让人得到快乐，快乐并不是拥有更多的物质享受，而是懂得享受自己已经拥有的一切。

大家都知道美国著名的慈善家洛克菲勒，其前半生为了追求财富，尽心竭力，但生意带来的巨大财富并没有使他快乐起来，相反，他变得忧虑，疾病缠身。医生劝说他，如果不能改变这个状态的话，恐怕他活不了多长时间。最后他接受了医生的劝告，从生意中解脱了出来，成立了洛克菲勒基金会，把他毕生积累的财富慢慢散发出去。他的基金对各项事业的发展起到了很大的作用，为人类做出了极大贡献，他成了人们心目中公认的慈善家。

　　我国著名经济学家茅于轼认为：只有快乐才是人生幸福的唯一标准。他还说：如果我们因为赚钱而使别人遭受了痛苦，那么这钱就不如不赚。当社会上的许多人积累了万贯家财之后，他们发现那么多钱是个累赘。一家人也只能住一套房子，再大的屁股也只能坐一辆车，再大的消费量也只能是一日三餐。所以，快乐是人生的最高生活准则。茅于轼的观点是，赚钱要开心，花钱要高兴，如果仅仅把赚钱作为人生的最终追求的话，势必会沦为金钱的奴隶，会变成一个忠实的守财奴，有如巴尔扎克笔下的那个欧也尼·葛朗台。

　　在笔者居住的小区有一位老太太，她有两个富有的儿子，都是较为成功的商人，两个儿子天天奔波在生意场上，根本无暇顾及她。儿媳和孙子孙女并不孝顺她，有时甚至责骂她，嫌她脏，爱唠叨，根本不去照顾她。她为了儿子们的家庭幸福，不和儿媳争执，独自搬离儿子们的家，一个人居住。虽然生活简单清苦了一些，但她感到了真正的快乐，她常常得到热情的邻居们的帮助，换煤气，捎东西，买米，买面，还有上上下下的邻居们的孩子时常过来看望她，逗她开心。

　　现在，她天天过得非常开心，只是提到她的儿子们，她才有了一些忧郁，之后，迅速地将不快乐的事情忘掉了。很明显地，大家都能感到这个老太太现在的快乐心情，同时，也让人明白金钱是换不来快乐的。

　　这样一个老太太活在大家的关怀下，天天过得很开心很快乐。可在自家富有的儿子身边却得不到温暖。

　　经常会听到一些朋友说："郁闷啊，郁闷。"为什么随着生活水平的逐步提高，那么多的人陷入精神苦闷之中呢？

据国外的一份调查报告揭示：很多人比过去过得更加郁闷和不快。虽然现在的科技水平比数十年前大大提高，但却有90%的人比40年前与其境遇相似的人更忧伤。现在的人生活是富裕了，但由于人们过分追逐财富，并为财富所累，反而不快乐。可见金钱是买不到快乐的。

不被名利所累

汉朝的韩婴说过："有声之声不过百里，无声之声延及四海。"我们的生活本应平淡，平淡地做自己的事情，平淡的处事，平淡地对待一切，哪一个成功人物在没有成功之前不是在平淡中度过呢？他们的成功只是过平淡的生活所取得的成果而已，他们的成功来自他们平常的生活。

美国好莱坞影星利奥·罗斯顿，是好莱坞历史上最胖的演员。一次在英国演出时，他突患心力衰竭而被送进汤普森急救中心。医生们使用了一切能使用的治疗手段，终归回天乏术，利奥·罗斯顿的生命还是过早地凋谢了。

罗斯顿在临终之际，喃喃自语："你的身躯很庞大，但你的生命需要的仅仅是一颗心脏！"站在一旁的哈登院长被深深地打动了，让人把这句富有哲理的话刻在了医院大楼的墙上。

后来，工作繁忙的美国石油大亨默尔也因心力衰竭住进了这个急救中心。由于其放不下公司诸多的事务，他在汤普森医院包下了一层楼，增设了用于联系事务的五部电话和两部传真机。有媒体戏称，这里是美洲的石油中心。

医院的精心护理和高超的心脏外科手术，终于保住了默尔的一条命。但他在出院以后，没有再回到美国，也没有继续亲自打理他的石

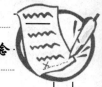

油帝国，而是卖掉了他的公司，在英国苏格兰一个乡村置办了一栋别墅。

在生意上大获成功的默尔，为什么会这样做？因为他被医院大楼上的那句"你的身躯很庞大，但你的生命需要的仅仅是一颗心脏！"打动了，在他的自传中，他这样写道："富裕和肥胖没有区别，它们只不过是超过自己所需要的东西罢了。"

默尔的做法是明智的，他的明智在于能够及时领悟到人生的真谛，人生应该过得轻松和快乐一点，再显赫的名利不过是束缚自身的枷锁，生命之舟又能承受多少负荷呢？在生死抉择的面前，什么又能比得上鲜活的生命重要，什么能比得上幸福快乐的生活重要？

散文家丁谦说过：崇高的荣誉像开在山顶的一朵花，有的人看见了艰难的路，有的人只看见美丽的花。人们所热衷的名利只不过是自己的热烈渴望，热切渴望名利所带来的荣耀和生活享受。人人都想过得舒服和快乐一点，但也要采取正确而适当的方式才行，它是建立在艰难生活之上的，名利往往会赋予那些能够经受住风风雨雨、对事业执着追求的人们。而不去做臧克家笔下的那种人：有的人活着，他已经死了；有的人，骑在人民头上：嗬，我多伟大。有的人把名字刻入石头想"不朽"；把名字刻入石头的，名字比尸首烂得更早……他活着别人就不能活的人，他的下场可以看到；他活着是为了让多数人更好活的人，群众把他抬举得很高，很高……

有的人为了自己的一己之利，丧心病狂，做事不择手段，像历史上的那些昏聩帝王和乱臣贼子，哪一个有很好的下场，哪一个又不被后人戳脊梁骨。就像明朝的那个奸相严嵩，老奸巨猾，玩弄权术，陷

害忠良，仗势欺人，无恶不作，最后遭到群起攻击，朝野恨之入骨，和恶贯满盈的儿子终落得个早死的下场。

功名利禄是非常诱人的，但它有如空中飘忽不定的云彩一样，绚丽但不会在天空中停留多长时间。对于普通的人们来说，真实的事物总不能令人陶醉，但它们却是实实在在的真理，能使我们信服。那种动不动以官阶、出身、资历和职业评价一个人的价值的人，往往是浅薄无知的。那些权势熏天、呼风唤雨的人，过得愉快、轻松吗？一点也不。过于追逐名利会导致自己绞尽脑汁，忧虑缠身，甚至是良心丧失，于人于己都划不来。

现实中的人们，能甘愿放弃名利的人不多，生活中还有很多人把名利看得比生命都重要。一旦自己的身份地位达不到自己的要求，就会陷入"生不如死"的怪圈之中。无穷无尽的名利心使他们疯狂。宁静而悠然，像清澈的小溪蜿蜒流过的平淡日子不是更有诗意吗？毕竟人生短暂，我们的生命载不动太多的物欲和虚荣。面对这个大千世界，信奉"人为财死，鸟为食亡"的人不少，但为名扬天下而发狂的人也不少。

唐朝有一个叫宋之问的诗人，他有一个外甥叫刘希夷，是一个年轻有为的诗人。一天，他刚写了一首叫作《代白头吟》的诗，就到舅舅家寻求舅舅指点，当看到"古人无复洛阳东，今人还对落花风。年年岁岁花相似，岁岁年年人不同"时，宋之问不禁拍手叫好，忙问外甥："此诗有没有外人看过？"外甥说："还不曾有人看过。"宋之问便对外甥说："诗中的'年年岁岁花相似，岁岁年年人不同'二句，着实令人喜爱，若他人不曾看过，让与我吧。"刘希夷言道：

"此二句乃我诗中之眼，若去之，全诗无味，万万不可。"

到了晚上，宋之问一直对这两句诗念念不忘，为此他翻来覆去地睡不着。心里合计，此诗一经面世，就会成为千古绝句，立刻就会名扬天下，一定要据为己有才好。于是，一个罪恶的念头在宋之问的心里扎下了根。他让手下的人把刘希夷活活害死了。

后来，宋之问被朝廷获罪，被流放到钦州，当皇帝知道他的恶行后，又把他赐死，算是给了天下的读书人一个交代。刘禹锡对此评价说："宋之问该死，这是天之报应。"

宋之问本来就已经是一个有名的诗人了，为了自己的那点虚名把外甥害死，自己最后也落得个身死的下场，实在不值。

为什么在这个物质丰富的时代，有的人却活得很累，他们总是想抓住一切，如位子、车子、票子等。但结果却总是事与愿违。孙中山曾说：古今人物之名望的高大，不是在于他所做的官大，是在于他所做事业的成功。

正确对待名利对自己的人生极为重要，处理得好了，有助于提高自己的高尚情操，又能成为自己积极努力的目标。否则就会成为自己前进的阻力和沉重的包袱。名利于我如浮云。每一位有追求的人，都应该筑牢自己的思想防线：何不淡泊快乐一些，不过度关注成功，往往会取得成功。

学会知足

卡耐基说过："为所有而喜，不为所无而忧。凡事往好的一面去想，这种心态比收入千镑还好。"

一对清贫的乡村老夫妇想把家中唯一值点钱的一匹马拉到市场上去换点更有用的东西。于是老头牵着马去赶集了，他先与人换得一头母牛，又用母牛换了一只羊，再用这只羊换来一只鹅，然后又用鹅换来一只母鸡，最后用母鸡换了别人的一大袋苹果。

当他扛着大袋子来到一家小酒店歇息时，遇上两个英国人。闲聊中他谈了自己赶集的经过，两个英国人听了后哈哈大笑，说他回去准得挨老婆子一顿唠叨，老头子称绝对不会，英国人就用一袋子金币打赌，三人于是一起回到老头子家中。

老太婆见老头子回来了，非常高兴，她兴奋地听着老头子讲赶集的经过。每次听老头子讲到用一种东西换了另一种东西时，她都十分惊喜。

她嘴里不时地说着："哦，我们有牛奶了！"

"哦，羊奶同样好喝。"

"哦，鹅毛多漂亮！"

"哦，我们有鸡蛋吃了！"

最后，听到老头背回一袋已经开始腐烂的苹果时，她同样不急不恼，大声说："哦，我们今晚就可以吃到苹果馅饼了！"

结果，英国人输掉了一袋金币。

这是丹麦著名童话作家安徒生讲的一个故事，故事中的老夫妇是多么和美快乐。他们不会为失去一匹马而惋惜与埋怨，虽然最后手里只有一袋开始腐烂的苹果，他们也为能吃到苹果馅饼而高兴。老夫妇看似傻呵呵的，但他们对待生活随和、乐观、满足，确实容易感到快乐。

其实，想要获得快乐很简单，它只是取决于我们对生活的态度。如果你真诚地对待生活，生活也会真诚地对待你；如果你糊弄生活，生活也会糊弄你；如果你对生活存有感激，同样生活也会对你存有感激。获得快乐就是如此简单。

如果你拥有生活中的一切还不感到满足，只是由于失去偶尔的一点就认为上苍有愧于你，你就是在为自己制造不幸，你必然不会有快乐的时候。

有一个富翁因为实在太富有了，所以凡事都要求最好的。

有一天他喉咙发炎，这不过是一个小毛病，任何一位大夫都可以看得好，但是由于他求好心切，他一定要找到一个最好的医生来为他诊治。

于是他花费了无数的金钱，走遍各地寻找医病高手。每个地方的人们都告诉当地有名医，但他总是认为别的地方一定还有更好的医生，所以他马不停蹄地继续寻找。

直到有一天他路过一个偏僻的小村庄时，病情已经变得非常严重了，恶化成脓的扁桃腺需要马上开刀，否则性命难保，但是当地却没有一个能动手术的医生。结果，这个家财万贯的富翁，居然因为一个小小的扁桃腺炎而一命呜呼。

这位富翁死了，与其说他死于扁桃腺炎，还不如说他死于心理上的不知足。他在物质上是富有的，但是他在心理上却是一个彻彻底底的穷人。他不满意任何他已经得到的，在心理上永远得不到满足，因此他不可能感到快乐，他的不满足就是造成他不幸的根源。与这位富翁相比，虽然从实际财产而言，那对乡村老夫妇是清贫的，但他们的心是富有的，所以他们也是快乐的。

我们的人生仅仅几十年，像什么财物、虚名和高位等等，只不过是身外之物而已，生不带来，死不带去。你即使无时无刻不在追逐它，对于贪心的人来说，还是永远不会有满足的时候，还会带来无穷的烦恼。我们之所以活得不快乐，往往是由我们的不知足造成的。

生活中的很多不快乐，都是由人们的贪心造成的，都是自找的。往往条件到达一个台阶后，还想迈向更高的台阶，这些无休止的欲望是导致我们烦恼的原因。生活其实是波浪式的，有波峰，也必有波谷。波谷中人容易沮丧，而即使在波峰的时候，也容易忘记自己所处的优越，即对幸福是习以为常了，就不会感觉到快乐了。

无事做时因无聊苦恼；忙碌时因辛苦烦恼；穷了发愁，富了担心；对生活，我们经常只有吞咽而无咀嚼，只是经过而不回眸，不快乐，就是因为我们想得到的太多，从而使我们快乐不起来。其实真正的人生是一种对纷繁诱惑的超越，对生命的透彻领悟，以及一种内心坦荡明朗的境界。

沧海桑田，谁也不能逃离人生的潮起潮落，摆脱不了方方面面的失意琐事，但如果能随遇而安，淡泊宁静，就可以品味出一种知足快乐的人生。知足常乐，是一种安于平凡而又随遇而安的心境，是生活的一种自然流露，是一种自然的挥洒：机遇来时，及时抓住；机遇未到时，淡然处之而不失乐趣。不管别人如何飞黄腾达，自己不妄生羡慕，粗茶淡饭照样健康美好，总之，快乐就存在于自己知足的感觉中。

学会知足，自己以一颗超然的心去面对一切，得之不惊，失之不怒。不为功利牵累，不为凡尘侵扰，不被烦恼左右。使自己不断得以升华，它可以使我们的生活不必装饰得很绚丽，却实实在在安然而踏实。

放下心中的贪婪

古希腊哲学家艾皮科蒂塔说："一个人生活上的快乐，应该来自尽可能减少对外来事物的依赖。"

在古老的俄罗斯，有一个非常贫穷而又贪婪自私的猎人，他养了两只猎狗，大猎狗已与他一起生活了十多年，而小猎狗还不会扑击猎物。

一天，猎人带着他的两只猎狗在齐腰深的雪地里撞到了一只极为珍贵的动物。因为大雪封了半个月的山，人和狗已经几天都没吃上东西了。饿极了的大猎狗当时就箭一般向前扑去。猎人当然明白，猎物一死自然比活着时便宜了数十倍。

猎人情急之下向天鸣一枪，企图让猎狗返回，饿极了的猎狗怎会理解主人的枪声呢？就在大猎狗刚扑到猎物跟前时，突然又一声枪响，大猎狗倒在地上，满含泪水地死去了。

两年后，小猎狗早已长大会扑击猎物了。小猎狗吸取了大猎狗的教训，没有猎人的指示，从不主动扑击任何猎物，等猎人察觉时，所有珍贵或不珍贵的猎物往往已经逃跑了。

又是一连月余的大雪天，猎人准备的食粮快要吃完了，于是单独放猎狗出去寻找猎物。拥有自由的猎狗每天都能扑到足够填饱肚子的兔子、山獾什么的，并且都会给主人叼一两只回来。一天，猎人悄悄跟在猎狗后面。在雪地里，他们又碰到了一只非常珍贵的动物，当猎狗准备向猎物扑击时，它突然感觉身后笼罩过来一股浓浓的杀机。一看，是主人黑洞洞的枪口正对着它。聪明的猎狗对着主人一个屈膝，两行泪水从眼眶滑落下来，而后转身，疾速地向林中逃走了，从此再也没有回来。

猎人高兴地抱着那只珍贵的动物，准备等到雪化了下山去卖。过了六七天，雪不但没融化，反而结了冰。他的粮食早吃完了。无奈之下，他忍痛将那只珍贵的动物杀了充饥，又勉强熬过了两天。

当猎人快要停止呼吸的时候，才醒悟到自己对两只猎狗所犯下的错误。以往的日子，两只猎狗就是与他命运休戚相关的亲人啊！

由于猎人贪婪自私，竭泽而渔。最后是自食其果，自取性命。

这正如古希腊的伊索在《伊索寓言》里说道："有些人因为贪婪，想得到更多的东西，却把现在所有的也失掉了。"伟大的诗人但丁也曾说："贪欲呀！你淹没了那些人类，使他们每个人都抬不起头来，出于你的波浪之上。"

所以，我们只要抓住我们所需要的就可以了，而不必陷入无穷尽贪婪的烦恼中去，即便你贵为国王，你一天也只能吃三餐，一次也只能住一间房子，睡一张床。

第六章
放飞心灵

　　忧虑的事情人人都会遇到，有的人面对它时会伤心欲绝，有的人面对它时会闷闷不乐，有的人不能摆脱它的阴影的纠缠，也有的人面对它时却仍旧保持坦荡的心胸。不同的人面对烦恼有不同的态度，不同的态度则导致了不同的人生。

烦恼因你而产生

在我们陷入烦恼中无法自拔的时候，千万不要不知所措。俗话说，解铃还需系铃人。烦恼是由自己的心境产生的，而外界环境只不过是一个诱因而已，真正能使你脱离苦恼的还是你自己。

当人在工作和生活不如意的时候，总是感觉自己是那样的无助，于是沮丧、愤恨、抱怨等烦恼接踵而来，更有甚者，会为此走上人生不归路。如果此时有一个冷静而清醒的头脑的话，就会明白，世上的其他人没有一个会理解你的苦恼，既然如此，那么我们何不换一个高兴的心境送给自己呢。

洛克菲勒在他33岁那年赚到了他的第一个100万。到了43岁，他建立了一个世界最庞大的垄断企业——美国标准石油公司。

不幸的是，53岁时，他却成了忧虑的俘虏。充满压力的生活早已摧毁了他的健康，他的传记作者温格勒说，洛克菲勒在53岁时，看起来就像个僵硬的木乃伊。因为莫名的消化系统疾病，他的头发不断脱落，甚至连睫毛也无法幸免，最后只剩几根稀疏的眉毛。温格勒说："他的情况极为恶劣，有一阵子只得依赖酸奶为生。"医生们诊断他患了一种神经性脱毛症。后来，他不得不戴一顶扁帽，又定做了一个500美金的假发，从此，一生都没有脱下来过。

洛克菲勒原本体魄强健，他是在农庄长大的，有宽阔的肩膀，总是迈着有力的步伐。可是，在多数人的巅峰岁月——53岁时，他却病了，变得肩膀下垂、步履蹒跚。

他是世界上最富有的人，却只能靠简单饮食为生。他每周收入高达几万美金，可是他一个星期能吃得下的食物却要不了两块钱。医生只允许他喝酸奶，吃几片苏打饼干。他面无血色，瘦得皮包骨。他只能用钱买最好的医疗，才不至于53岁就去世。

为什么洛克菲勒会这么不幸？完全是因为忧虑、惊恐、压力及紧张。据亲近他的人说，每次赚了大钱，他的庆祝方式也不过是把帽子丢到地板上，然后跳一阵土风舞。可是如果赔了钱，他会大病一场。一次，他运送一批价值4万美金的粮食取道伊利湖区水路，保险费需要150美元。他觉得太贵了，因此没有购买保险。可是，当晚伊利湖有飓风，洛克菲勒整夜都在担心货物受损，第二天一早，当他的合伙人跨进办公室时，发现洛克菲勒正来回踱步。

他叫道："快去看看我们现在还来不来得及投保。"合伙人奔到城里找保险公司。可等他回到办公室时，发现洛克菲勒的心情更糟。因为他刚刚收到电报，货物已安全抵达，并未受损！于是，洛克菲勒更生气了，因为他们刚刚花了150美元投保。

事实上，是他自己把自己搞病了，他不得不回家卧床休息。想想看，他的公司每年营业额达50万美元，他却为区区150美元把自己折腾得病倒在床上。他无暇游乐、休息，除了赚钱，他没有时间做其他任何事情。

一次，他的合伙人贾德纳与其他人以2000美元合伙买了一艘游艇，洛克菲勒不但反对，而且拒绝坐游艇出游。贾德纳发现洛克菲勒周末下午还在公司工作，就央求他说："来嘛！约翰，我们一起出海，航行对你有益，忘掉你的生意吧！来点乐趣嘛！"洛克菲勒警告说："乔治·贾德纳，你是我所见过最奢侈的人，你损害了你在银行的信用，连我的信用也受到牵连，你这样做，会拖垮我的生意。我绝不会坐你的游艇，我甚至连看都不想看。"结果他在办公室里待了整个下午。

永远缺乏幽默，永远只顾眼前，是洛克菲勒晚年之前整个事业生涯的写照。即使坐拥百万资产，他却一直担心财富可能随时失去。马克·汉纳这样说过："这是一个为钱疯狂的人。"

洛克菲勒住在俄亥俄州克里夫兰市时，曾向邻居吐露真言，说他希望能被人爱，可是他却是如此寡情与多疑，以致没有几个人真正喜欢他。洛克菲勒的部属与合伙人都很畏惧他，具有讽刺意味的是：他也同样怕他们，他怕他们把公司的秘密泄露出去。他对人性几乎没有丝毫信心，有一次他与一位石油提炼专家签了10年的合约，他要那个人承诺不告诉任何人，包括他的妻子。他经常挂在嘴边的一句话："闭上嘴，好好干活！"

他还雇用保镖防止敌人杀他。他很想忽视这些仇恨。他曾自我解嘲地说："踢我、诅咒我！你还是拿我没办法！"但是他终究是个凡人，他无法忍受憎恨，也无法承受忧虑。他的健康状况开始恶化了，对这个新的"敌人"——由身体内部发出的疾病，他感到极为茫然与迷惑。

医生警告他：再不退休，"就死路一条"。他终于退休了，可惜退休前，忧虑、贪婪与恐惧已经摧毁了他的身体。

医生竭尽全力挽救洛克菲勒的生命，他们要他遵守三项原则：

1. 避免忧虑，绝不要在任何情况下为任何事烦恼。

2. 放轻松，多在户外从事温和的运动。

3. 注意饮食，每顿只吃七分饱。

洛克菲勒严格遵守这些原则，才捡回一条命。

遗忘不快乐的过去

那些已经过去的没有价值的东西，我们根本没有必要再留在大脑里，否则，时间久了，他们会像池塘中的污水那样发馊、发臭。与其让尘封的记忆腐烂发臭，不如像对待垃圾一样，及时把它们清理出去。

人生在世，时而忧虑，时而烦恼，短暂的负面情绪是正常的。但如果一个人总把那些陈旧之物存在头脑中任其发酵，那么，他就看不到人生的希望，因此人生得不到发展，一味沉湎于失望和悲观之中不可自拔，生活没有快乐可言。

现实生活中的每个人都经历过让自己刻骨铭心、不堪回首的往事。它们虽然过去了，但有如毒蛇一般，死死地缠住当事人的神经。豁达、乐观的人都能够正确地面对过去。而相当一部分人则没有这么幸运了，他们被过去困扰着。

俗话说，人生失意之事十之八九。我们要常常思"快乐"的一二，而不去想"失意"的八九，因为这样你才能真正得到生活的快乐。所以，我们要将那些没有任何价值和只会给我们带来烦恼的东西及时清理掉，换取快乐而洒脱的生活岂不更好。

在社会中，如果我们想要得到别人的尊重和承认，首先，自己要懂得先尊重别人，懂得对事不对人，忘掉别人的过错。另外还要学会明白自己的辉煌显然是造成自己不快乐的重要原因。不幸或成绩都只是过去的结果，以后幸福快乐与否则取决于自己现在的努力程度。不管不幸还是辉煌，都只代表着过去，我们需要端正心态，从零开始。唯有这样才能使我们跨入人生新的境界。对于给予别人的帮助，我们也要善于遗忘，不要总想着将来某一天，得到别人数倍甚至更高的回报，带有功利心的帮助往往会使我们心灵扭曲，后来的失望和不快是肯定的。

英格丽·褒曼说过："健康的身体加上不好的记忆，会让我们活得更快乐。"忘掉过去，并不是不要反思，我们的人生是需要不断总结教训的。用理智过滤自己思想上的杂质，这样有助于我们陶冶情操，更好地留下人生最美好的记忆。

当然，对于某些往事，非常值得怀念，值得珍藏，值得寻味。但并不是所有的往事都是这样。那些令我们不快或毫无价值的事情，我们要毫不犹豫地舍弃，留下健康奋发的雄心去开发未来。

忘却也是一种智慧，一种品格，忘却不幸的人不会为无谓的事情而耽误了去欣赏前方的良辰美景。即便你眼下有诉不完的幽怨愁结，抒不尽的沉郁低迷，对于整个人生也是微不足道的。

事实上，许多往事不是那么容易"拿得起，放得下"的，它们常常会浮出水面撩拨你。每当此时，可以专心地工作，或者外出旅游，改变一下自己的心情。

每个人的心里都有过往的尘埃，对于短短的人生来说，一切的烦恼和不快只不过是已经消失了的过去，有眼泪你可以尽情地去流，只要不把它带入心里就行，否则，妨碍了自己的身心健康则是最大的罪过。

　　当然，忘记过去并不是每个人都能做到的事情，只要生活在世上一天，就会有很多的关系需要处理，而每个人的立场和期望值不同，做事就会有不同的出发点，不同的出发点导致各人的感受不同。但相同的是，一旦认为有损失于自己的名誉、尊严和得失的时候，人们就会产生不愉快的情绪。只是一个善于忘记的人则会从不同的角度去看待事情本身，他做事的方式是灵活的，是不断变化的。

　　因此，生活中的我们，要学会遗忘，不要钻牛角尖，不要钻进烦恼预设的圈套，这才能使自己真正快乐起来！

善待自己

不要为别人犯下的错误而烦恼，细想一下，别人对自己都不负责任了，即使天天寝食难安，忧虑和烦恼缠身，别人也不会生气，甚至还对你的好意和关心却不领情，这样做是完全没有必要的。况且很多事情又不是我们所能掌控的，不如驱走心头的乌云，让自己看开些，给自己留下一份快乐的心情。

从前有座山，山里有座庙，庙里住着一个老和尚和小和尚。师徒二人是一对绝好的搭档：老和尚知识渊博，将自己的全部学问倾心相授给小和尚。小和尚十分聪明，从不辜负师父的教诲，准备将来好继承师傅的衣钵。

一次，小和尚下山去化缘，被尘凡的世俗吸引住了，结果没有回到寺庙。二十年的光阴一晃而过，小和尚功成名就。

一天，他看着窗外的流水，天上的阴云，一下子醒悟了。终于，他又回到庙里，双膝跪在老和尚面前乞求原谅。

老和尚原以为小和尚被人拐卖，伤心欲绝，曾辛辛苦苦地找了他很久。现在，小和尚自己回来了，请他原谅，老和尚愤怒了，看也不看小和尚，一边采着蘑菇，一边指着胸前的佛珠，气愤地说道："我可以原谅，可佛祖会原谅你吗？要我原谅你也可以，除非这佛珠上长出蘑菇来！"说完，老和尚拂袖而去。

小和尚望着紧闭的庙门，知道师父已经不能原谅自己，失望之余又回到了尘世。

第二天早晨，老和尚起来一睁眼，就发觉胸前的佛珠上长满了蘑菇，老和尚顿然醒悟，回头去找小和尚，可寂静的山路上哪里还有他的踪迹？

佛家有言：大肚能容，容天下难容之事；慈颜常笑，笑世上可笑之人。这世间有什么不能谅解呢？最宝贵的，其实是一颗真诚悔改的心呀！可是，已经下了山的小和尚还会回来么？

拿别人的错误来惩罚自己。本来气是从别人那里吐出，而自己却把它接到嘴里咀嚼，然后便吞了下去，其中的滋味可想而知。对于别人的错误，自己不如不管它，它自会烟消云散了。我们作为别人的旁观者，何必借别人的错误来惩罚自己，在这个世上能够对自己负责的人没有一个，只有你自己才是最爱自己和最关心自己的。就好像身在一间充满温馨快乐的大房子里，我们又何必在意屋角的那一声叹息呢？

在这个世界上，由别人制造出来的错误多得无以复加，与其纠缠其中，受它无穷尽的污染，不如尽快逃离，懂了这一点，你的境界就提高了，你一定会活得很轻松自在。

有这么一位教师，由于学生的"愚笨"而把自己活活给气死了。原因是有几个学生没有理解他苦苦讲了四遍的课程，口干舌燥的他终于忍不住气血上涌，最后昏倒在讲台上再也没有醒来。这位老师对学生负责的态度令人钦佩，但每个学生的接受能力不同，对于同样的课程，不可能所有的学生都能理解，为此而怒火中烧，伤了自己，是没有必要的。

一个过于算计的人，不能容忍别人的过错，甚至一点小小的不经意的失误，这其实是很可悲的。

善待自己，放下心中的包袱，不要因为别人的错误言行来干扰自身的愉快。事物自有它发展的规律，就好像我们用不着忧虑哪一天天会塌下来，对于广阔的宇宙来说，我们太渺小了，不值得为与自己不相干的事物焦虑生气。

懂得相互体谅

我们生活在这个复杂的社会中，每天都会有很多意想不到的事情发生，对于一些事物，我们不能太较真，因为每一事物都有着多面性，每个人处理和对待它的方法都是不一样的，较真往往会使我们钻牛角尖，使人执着于一念，甚至陷入迷茫。

以前，有两个人，一个叫李二，一个叫王五。一天，两个人在大街上相遇，边走边聊。

李二说："咱们都是穷哥们，要是咱们能捡到一笔钱那该有多好呀。不过，如果我们真捡到了钱，我们两个应该怎么办呢？"

王五接过话茬随口就说："怎么办？一人一半呗。"

李二立刻表示反对："不对，应当是谁捡到就归谁才对，凭什么要我分给你一半呢？"

王五反驳："咱们两个一块走，捡到钱，你却想一个人单独吞掉，你真是个守财奴，一点都不够朋友，简直就是衣冠禽兽。"

李二当场大怒："你敢再说一遍，看我怎么收拾你。"

王五也不示弱："说就说，你以为我怕你呀！衣冠禽兽！"

王五刚说完，李二的巴掌就抡了过来。就这样，两人你一拳，我一脚，打得不可开交。

这时，路上又走来一个人，大声喝道："两个猪狗不如的畜生，在路上打什么架呀！"说着就要过来拉架。

李二和王五一听，顿时怒火就上来了，异口同声地说："关你屁事，你才猪狗不如呢？"劝架人也不示弱，说："我也不是好欺负的。我今天就偏要管一管了，怎么着？"话还没有说完，李二和王五的拳头雨点般地落到他的身上。

不一会儿，三个人都挂了彩，累得气喘吁吁地倒在地上，正好县太爷路过这儿，看到这一情景，感到很奇怪，于是就问他们："是谁把你们打成这个样子？"

三个人只好一五一十地把事情的经过全说了。

县太爷听了，哈哈大笑起来，三个人都愣在那里，不知所措。县太爷严肃地说："我还以为你们真拾到钱了。你们三个不好好地在田里耕作劳动，跑在这里没事找事来了。来呀，每人各打五十大板，看看以后还有没有人没事找事？"

故事是说，人做什么不能太过较真，不能过于敏感，三个人为了本不存在的财物而大打出手，可谓愚不可及。

所以说，当我们与别人相处的时候，要尽量互相体谅才是，不妨自己也学着大度一点，心胸宽大一点，做事求大同存小异就可以了，这样一来，你做人处事就能左右逢源，使得万事顺你心意。反之，如果你眼里容不下半粒沙子，遇事过分挑剔，即使是鸡毛蒜皮的小事也要论个是非曲直，就不会有人愿意与你打交道，最后你可能成为一个孤家寡人。

适应不可避免的事实

"适应不可避免的事实"是美国著名成人教育家戴尔·卡耐基在他的《人性的优点》中所提到的。他认为，"对必然之事，应轻快地加以承受。"这也是获得快乐的重要方法。

美国有一所著名的高等学府，它的名望和英国剑桥、牛津比肩，几乎为全世界的知识分子所了解，它的入校门槛非常高，据说各科要平均90分以上才行，而且一门课程的学费就相当于普通大学一个月的全科学费。这所大学的学生经常穿着印有本校名称的T恤在大街上招摇。

即便这样，这个非常优越的学校却有着严重的困扰:它边上是一个治安极坏的贫民区，学校的窗玻璃常被顽童打碎，车子总是失窃，而且学生在晚上常遭抢劫，令校方管理层感到非常棘手。

在该校的一次董事会上，一位董事愤愤不平："我们这么伟大的学校，竟有如此恶劣的邻居！"于是董事会一致通过决议：要想方设法把那个不文明的邻居赶走。学校把邻近的房屋和土地全部买下，改为校园。结果是，校园是扩大了，但问题没有得到解决，反而变得更严重起来，校园又与新的贫民区相邻，治安更加恶化。

董事会只好请警察来共商对策。警察说:"当你们和领导相处得不好时，最好的办法不是把他们赶走，也不是把自己封闭起来，你们应该试着去了解和沟通，发挥你们的教育功能，去影响和教育他们。"

在场的董事们一听，顿时语塞，他们虽为世界知名学府的董事，竟然想不起来运用这个属于他们的教育功能。于是，他们设立了平民补习班，派研究生去贫民区搞调查，对附近的中小学捐赠教学器材，还开辟了针对青少年的运动场，以供贫民区的孩子们使用。

不过几年，学校的治安环境大大改观。

这个实例说明，人只有先适应现状，才能改变现状，如果只和"事实"对着干，是解决不了问题的。

我们会碰到很多令人不快的局面，这些事情也是我们人生中必须面对和解决的。消极的人选择逃避，但过后还会遇到它，且负面影响更大，最后面临的是已经变成不得不解决的老问题。所以，明智的人会一开始就把它当作一种不可避免的情况来对待，这样就不会被烦恼所左右。

美国心理学家威廉·詹姆斯说："要乐于接受必然发生的情况。接受所发生的事实，是克服随之而来的任何不幸的第一步。"我们生存的环境严峻程度不同，当不得不面对恶劣情况的时候，与其逃避，不如勇敢面对。其实生活中的困境是不可避免的，但只要我们善于发挥利用，敢于克服一切困难，就能调节好自己的情绪，而不至于一味地伤心负气。

当然，"适应不可避免的事实"，也不是说我们要忍气吞声，只要事情还有一线转机，我们就不能接受命运的摆布，就要努力奋斗，但实在不能力挽狂澜的话，我们也要保持理智，面对现实，因为并非所有的事情都是以我们的意志为转移的。知道了这一点，就没有必要

让它们影响我们的心情，打乱我们的生活。

我们应该像大树承受狂风暴雨，水承受一切容器一样。水接受了容器的安排，才换来水面的平静。

伟大的诗人惠特曼在他的诗作里写道："啊！我们要像树和动物一样，去面对黑暗、暴风雨、饥饿、愚弄、意外和挫折。"

世界500强零售业巨人杰西潘尼曾说："哪怕我所有的钱都赔光了，我也不会忧虑，因为我看不出忧虑可以让我得到什么。谋事在人，成事在天。我尽力了，所以无论结果如何我都欣然接受。"

对于那些不可避免的事实，我们不要抱怨，不要灰心，更不要苦恼，与其那样，不如试着愉快地适应，在克服的过程中，你会发现，事情远没有想得那么复杂，其实很好解决，只是我们用消极和烦恼挡住了自己前进的步伐。"对必然之事，且轻快的加以承受。"去接受那些不可避免的事实吧！

快乐地承担责任

快乐地承担责任是做人的一种境界，它能够让人感到轻松，这是证明自己能力的最有力的证据。每个人对自己所承担的责任都有一种成就感，为责任而战，你将会感到快乐。

很多人在责任面前表现得像缩头乌龟，总要寻找各种理由为自己推卸责任。由于他们的不负责任，从而使工作的疏忽随时发生。由于疏忽、敷衍、偷懒、轻率而造成的可怕惨剧在人类历史上无时无刻不在发生。例如，建筑时小小的误差，可以使整幢建筑物倒塌；不经意抛在地上的烟蒂，可以使整幢房屋甚至整个村庄化为灰烬。因为事故致人残废——木头装的脚、无臂的衣袖、无父无母的家庭都是人们粗心、鲁莽与种种恶习造成的结果。世界上每年因为"不负责"所造成的生命的丧失、身体的伤害和财产的损失，有谁能统计得清楚呢。

许多人之所以失败，往往就是因为他们不负责任、马虎大意、鲁莽轻率。许多员工做事不精益求精，只求差不多。尽管从表面看来，他们也很努力、很敬业，但结果总无法令人满意。那些需要众多人手的企业经营者，有时候会因员工无法或不愿意专心去做一件事而无奈。懒懒散散、漠不关心、马马虎虎的做事态度似乎已经变成常态，除非苦口婆心、威逼利诱，或者奇迹出现，否则，没有人能一丝不苟地把事情办好。

　　这些人养成了马马虎虎、心不在焉、懒懒散散的坏习惯。他们往往不可能出色地完成任务。外出办事总是迟到，人们就会拒绝与他合作；与人约会总是延误，别人会大失所望；办事时缺乏条理和周密性，思维一片紊乱，别人就会丧失对他的信任。更重要的是，一旦染上这种恶习，一个人就会变得不诚实，遭到他人的轻视——不仅轻视他的工作，而且会轻视他的为人。

　　一旦这种人成为领导，其恶习也必定会传染给下属——看到上司是一个马马虎虎的人，员工们就往往会竞相效仿，放松对自己的要求。这样一来，每个人的缺陷和弱点就会渗透到公司，影响整个事业的发展。如果他是作家，文章必定漏洞百出；如果他是一个管理者，部门工作必定一塌糊涂。

　　可以说，不负责任和马虎草率是成功的拦路虎，当一个人是被迫履行自己的职责时，很可能很不情愿，如果把责任当成一种卸不下来的负担，感受到一种无形的压力，责任对他来说，与其说是一种快乐地承担，不如说是苦恼而无奈地面对。因此，快乐地承担责任是一种生活的洒脱，是一种生活的境界，一定会得到不少信任和尊敬。

　　现实生活中的很多人都承担着自己应尽的责任，有的是工作中的责任，有的是生活的责任。每个人都希望在自己所处的企业中处于重要的位置，当员工能够在企业中主动而快乐地承担责任时，他会意识到自己在企业中是那么不可或缺，甚至感到了自己的分量和对集体的责任。正如一位管理专家所说："给组织中的成员以责任，这才能使他对这个组织有归属感。"

　　当然人与人之间都是有差异的，不同的人对责任的理解也是不同

的，不是每一个人都能做到快乐地承担责任，甚至有的人认为快乐地承担责任是傻瓜行为。这种人如果没有得到自己理想的报酬，在承担责任时便可能大打折扣，如果他们认为企业主和企业管理者没有尽到自己的社会责任，他在承担责任时也快乐不起来。这种问题也不是没有，这也是企业家和雇员应该深思的问题，因此国家三令五申地保护员工的权益。因此，对于某些企业家不能只要求员工有敬业精神，还要承担企业自身对社会的责任，比如，按时为员工上养老保险、医疗保险等，这在某种程度上大于员工对企业的责任，是一种社会良知和道德责任感。

在很多方面，我们提到的都是员工对企业的责任感，而这里却是一个企业家的责任感：

乔治是一家公司的老板，他公司的业务一直处于兴旺状态，他的工作任务繁重，每天都要接待很多重要的客户，还要开一些公司会议，他每天都工作到很晚。在他的日常计划表里，休息这两个字很少出现。但是他一点都没有觉得累，也不曾抱怨自己的工作。

在别人向他问起企业兴旺的秘诀时，他说，他把每一个员工视作他的孩子一般，谁的生日在哪一天，谁家的日子过得如何，他都了如指掌。他认为为员工着想，让员工有一种归宿感，是自己的一种责任，他不想让任何一位员工怀着顾虑工作，否则，心里会感到不安的。所以他一直快乐地工作，并且追求快乐每一天。每天的工作结束后，他都会在他的日记本上写道："今天的工作很开心，又收获了很多东西，明天继续努力，还会有更大的收获，我的员工这个月又可以多领到几百美元了。"他因此被员工称作是"神父企业家"。

　　一个人从工作中体会到快乐，这才是工作的最高境界，对于企业员工来说，对企业责任的担当和出色完成，为企业创造了更多的发展空间和机会，他所获得的不仅仅是一种物质上的奖励，更多的是一种自我价值的实现，这是人生自我实现的需要，也是人生的最高需要。这种需要得到满足时，人才会获得真正的快乐。

　　作为一名企业的员工，如果能以承担责任为快乐，那么我们有足够的理由相信，他一定会很好地担当起责任，把自己的工作做得更好。

不因明天而忧虑

忧虑会给人们带来无限的烦恼，这种烦恼会由心而生，它时刻都在折磨着人们，使人们无法找到快乐。在《圣经》里，耶稣对自己的信徒说："不要为明天忧虑，因为明天有明天的忧虑，一天的难过一天担负就好了。"把所有心思都放在"今天"，是正确的选择，把眼前的事做好，是获得快乐的根本，对于未来，任何人都无法做出准确的判断，为明天而忧虑，只能使自己生活在痛苦当中。

在撒哈拉大沙漠中，生活着一种非常有趣的小动物，名字叫沙鼠。据说这种小动物的生命力非常强。每当旱季来临之际，这种沙鼠都要囤积大量的草根。一只沙鼠在旱季里只需要吃两公斤的草根，而沙鼠通常要运回十斤草根才踏实，否则便会焦躁不安，吱吱叫个不停。经过研究证明，这一现象是由一代又一代沙鼠的遗传基因所决定的，是沙鼠天生的本能。曾有不少医学界的人士用沙鼠来替代白鼠做医学实验，因为沙鼠的个头很大，能更准确的反映出药物特性。但所有的医生在实践中都觉得沙鼠并不好用。其问题在于沙鼠一到笼子里，就到处找草根。尽管笼子里的沙鼠可以用"食无忧"来形容它们的生活，但它们还是一个个地很快就死去了。医生发现，这些沙鼠的死亡是因为没有囤积到足够多草根的缘故，确切地说，它们的失望是因为内心极度的焦虑。

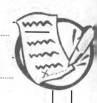

生活中，同样存在这样的问题；人们总是在为未来而担忧。这就导致了人们无法将全部心思放在眼前，做起事来总是不能集中精力，甚至还会莫名其妙地产生不安的心理，使人们无法定下心来把事情做好，生活也会因此而充满烦恼。

很多人都听过"杞人忧天"的故事：

一个杞国人，在某个晴空万里的一天，突发奇想："假如有一天，天塌下来了自己应该怎么办呢？到时候被活活压死，那可真是太悲惨了。"

此后，他每天都在为这件事而发愁，终日精神恍惚，脸色憔悴，似乎世界末日即将来临。

如今的生活中也是这样，总有些人为一些很遥远，甚至是几乎不可能发生的事而担忧。他们会因此而变得急躁不安，整天处于忧虑当中，以至于对发生在眼前的事情都不去理睬，整个人都变得消极起来。

长期处于焦虑的状态，对身体健康也有着很大的危害。我们不难看到，一个人只是生了一点小病，甚至只是身体稍稍有些不舒服，原本是很容易康复的，可却因为他怀疑自己生了重病而产生的忧虑导致病情的加重。还有，当医生发现一个病人生了重病的时候，往往不会告诉他病情的状况，医生之所以这样做，就是因为他们怕病人得知自己的病情后，产生焦虑的心理。而焦虑的心理往往最容易使病情加重，给康复制造了更大的麻烦。

这个故事发生在"二战"时期，一位焦虑过度导致病情加重的士兵向医生求助，医生了解了他的情况后，对他说："人生其实就是一

个沙漏，上面虽然堆满了成千上万的沙子，但它们只能一粒粒，慢慢地通过瓶颈，任何人都没有办法让很多人的沙粒同时通过瓶颈。假设我们每个人都是一个沙漏，那些沙子就好像忧虑一样，我们必须让它们一个个地解决。"

这个沙漏的比喻是多么贴切地写照了我们的人生。人生就像一个沙漏，我们只能遵照生命的规则处理我们周围的事——不管是快乐还是忧虑，都要一点点地享受或排解，不然，我们只能乖乖地做命运的奴隶。

忧虑是由心而生的，在很多时候，使人们产生忧虑的心理往往并不是一件多么重要的事，而是一些很不起眼的小事。是人们将其无限夸大后，才使自己产生了忧虑的心理。卡耐基就曾这样说道："其实很多小忧虑也是如此，我们都夸张了那些小事的重要性，结果弄得整个人很沮丧。我们经历过生命中无数狂风暴雨和闪电的袭击，可是却让忧虑的小甲虫咬嚼，这真是人类的可悲之处。"

不与人攀比

安贫乐道的意思是，安于贫穷，以坚持自己的信念为乐。无论生活得是好是坏，都不应该与他人进行攀比。如果一个人非常虚荣，处处都要与别人相比，那么，这种虚荣心态就会导致他永远不会满足，很多时候，即使是一件小事，他也会因此而感到苦恼。

其实，快乐和幸福并不只属于那些富有的人，我们不应因此而产生消极的心理；觉得自己平凡、艰苦，不可能生活得快乐。应坚定自己的人生信念，对艰苦的生活泰然处之。

司马徽便是一个安贫乐道之人。南郡庞士元闻司马德操在颍川，故两千里候之。至，遇德操采桑，士元从车中谓曰：吾闻丈夫处世，当带金佩紫，焉有屈洪流之量，而执丝妇之事？德操曰：子且下车。子适知邪径之速，不虑失道之迷。昔伯成耦耕，不慕诸侯之荣；原宪桑枢，不易有官之宅。何有坐则华屋，行则肥马，侍女数十，然后为奇？此乃许、父所以慷慨，夷、齐所以长叹。虽有窃秦之爵，千驷之富，不足贵也。士元曰：仆生出边垂，寡见大义，若不一叩洪锺，伐雷鼓，则不识其音响也！

其意思就是说，南郡庞士元（庞统）听说司马德操（司马徽）在颍川，特地从两千里之外赶来看望他。到了那里，正遇上司马德操采桑叶，庞士元在车里对他说："我听说大丈夫处世，应当带金印佩

紫绶，哪能窝窝囊囊，做这些妇人做的事呢！" 德操说："你先下车吧。你只知道抄小路便利，却不考虑迷路的危险。从前伯成宁愿种地，也不羡慕诸侯的荣华；原宪桑枢瓮牖，也不愿做官住豪宅。哪有住在华丽屋子里，出门骑着高头大马，几十个侍女环绕的人，能做出一番伟业呢？这就是为什么许右、巢父慷慨辞让，伯夷、叔齐感叹国家灭亡，饿死首阳山的原因呀。即使吕不韦窃取了相国那样的高官，齐景公有四千匹马的财富，也不显得珍贵啊。"庞士元说："我出生在边缘之地，没听过什么高深道理，如果不是亲自敲洪钟、击雷鼓，就不会知道它们的轰鸣声了。"

生活中，许多人总是喜欢把自己与他人相比较，这是一种非常不好的习惯，人们往往会在比较中迷失了自己。

一个人因为生活得很贫穷，便总是抱怨自己时运不济，发不了财，不能和那些富人一样，过幸福快乐的生活。一天，他在路边遇到了一位须发皆白的老人。老人见他一脸苦丧，便问他说："年轻人，你好像有些不高兴呀！你为什么不快乐呢？"年轻人回答说："我始终都想不明白，为什么别人都那么富有，而我却这么贫穷。"老人接着说："贫穷？你已经很富有了！" "你为什么这么说？"年轻人有些疑惑地问道。老人意味深长地笑了笑，反问道："如果现在折掉你的一根手指，给你一千元，你觉得可以吗？" "当然不行。"年轻人很意外。"那么，如果折掉你一根手指，给你一万元，你觉得可以吗？" "不行。"年轻人非常坚决地回答道。老人接着问："如果把你的双眼都弄瞎，给你10万元，这样可以吗？" "不行。"年轻人依然非常坚定地回答。"如果给你100万元，让你马上变成一个80岁的老人，你觉得可以吗？""还是不行。""如果用你的生命换1000万，你觉得可以吗？""当然不行了，我都没命了，要钱还有什么用！""这就对了，你已经拥有了超过1000万的财富了，为什么还哀叹自己贫穷呢？"老人说完后，笑了笑便离开了。

年轻人愕然无言，突然明白了很多。

很多人之所以生活失去乐趣，甚至会感到痛苦，原因并不是他们缺少幸福，而是因为没有发现自己的价值。他们总是在与别人进行攀比，当感觉到自己不如别人的时候，他们就会发现自己的境地是那么的不如意，并且还会因此而陷入苦恼之中。攀比的心理会加强人们的虚荣心，而虚荣心过强，则会使人们变得常常以虚假的方式来保护自己的自尊。"虚荣心生烦恼。"

在《权子·顾惜》中耿定向谈到一个《孔雀爱尾》的故事：一只雄孔雀的长尾闪耀着金黄和青翠的颜色，任何画家都难以描绘。它生性忌妒，看见穿着华美的人就追啄他们。孔雀很爱惜自己的尾巴，在山野栖息的时候，总要先选择搁置尾巴的地方才安身。一天下雨，打湿了它的尾巴，捕鸟人就要到来，可是它还是珍惜地回顾自己美丽的长尾，不肯飞走，终于被捉住了。

很多时候，人们为了没有意义的美好理想不惜牺牲了自己的生命和自由。过分的虚荣，往往会使人们失去控制自己的能力，这样便会情不自禁地与他人进行攀比。

无论到任何时候，幸福和快乐总是会伴随在那些懂得自满的人的身边。这些人不会与别人进行攀比，他们会按照自己的生活方式去生活，并从中获得乐趣。

正确看待不幸

在我们的一生中，总会遭遇一些不幸。当不幸发生时，人们会因此而失去生活的乐趣，甚至还会使人们生活得痛苦。俄国剧作家亚历山大·尼古拉耶维奇·奥斯特洛夫斯基说："人的一生可能燃烧也可能腐朽，我不能腐朽，我愿意燃烧起来！"其实，在我们的生活中，幸与不幸有时只有一墙之隔，关键在于你怎样对待；如果你采用消极的态度，不幸永远只能给你带来痛苦和失望；可如果你能用积极的心态去面对，并乐观地接受，或许它是你另一种幸运的开始。

一个小男孩在玩耍当中把手插进了一个花瓶。花瓶里边的空间很大，可是瓶口却很小，孩子的手拿不出来急得直哭。妈妈听见哭声后急忙从外面跑了进来，面对眼前发生的事情，妈妈也没有什么好办法。她试图把孩子的手从花瓶里拉出来，可每当她一用力孩子的哭声就会越大，她知道儿子一定很痛。没别的办法只能把这个花瓶砸碎了。可这不是一个普通的花瓶，是前不久老公从国外买回来的，价格一定很高。可为了孩子的安全，也只能这样做了。她把花瓶砸碎后，把孩子的手轻轻地拿了出来。孩子高兴的投入了妈妈的怀中。

妈妈为了孩子的健康，砸碎了一个古董花瓶，这是一件非常不幸的事，可让她感到庆幸的是，孩子没有受一点伤。松下幸之助曾经对自己艰苦的学徒生涯有感而发道："人生没有百分百的不幸，此一方

面有不幸，彼一方面却可能有弥补。'天虽不予二物，但予一物'。人生不去强求二物，只要把一物发展好，人生就相当幸福美满了。"

卡耐基说："千万不要嘲笑不幸的人，谁能保证自己永远幸福呢？"每个人都会有缺陷，谁都不可能完美无缺，因此，任何人都不可能永远幸运。当然，任何人也不可能永远遭遇不幸，好运会降临在每个人的身上。很多时候，有些事情看似不幸，但其中却有可能存在一些幸福。这正如古时候那个丢失了马匹的塞翁所说"祸兮福之所倚，福兮祸之所伏"一样，天下没有十全十美的好事，也不会有彻头彻尾的坏事，既然好事情里也有坏的一面，那坏的事情里面也有好的一面。如果我们能用这种态度面对一些不幸的事的话，你就会发现，自己并不是身处在深渊绝壁，反而是一条崭新的道路。

一天，莎士比亚遇到了一个失去父母的少年，望着孩子那种绝望而迷茫的眼睛，他满怀深情地对他说："你是多么幸运的孩子，你拥有了不幸。因为不幸是人生最好的历练，是人生不可缺少的历练教育，因为你知道失去了父母以后，你会更加努力了。"

莎士比亚的这番话，虽然当时这个孩子还不能理解，可这无疑给了正处于孤立无援境地的他一丝曙光，孩子充满疑惑地看着这位给自己安慰的大师。40年后，这个孩子——杰克·詹姆斯，成了英国剑桥大学的校长，世界著名的物理学家。

困难是磨炼人意志最好的帮手，从不幸中走出的人往往会更加坚强。人们常说：穷人孩子早当家。那些出生于贫寒家庭中的孩子，之所以要比那些出生于安逸家庭中的孩子坚强，其原因就是他们所遭遇到的不幸历练了他们。从小就生活在痛苦当中的他们，更加懂得如何去追求幸福，如何珍惜眼前的快乐。

帕格尼尼是一位世界公认的最富有技巧和传奇色彩的小提琴家，是音乐历史上最杰出的演奏家之一。可以说。他的一生都是在幸运与不幸中度过的。帕格尼尼3岁时开始学琴，即显天分；8岁时已小有名气；12岁时举办首次音乐会，即大获成功。然而与此同时发生的是，他4岁时出麻疹，险些丢掉性命；7岁时患肺炎，有一次靠近死神；46岁时牙齿全部掉光；47岁时视力急剧下降，几乎失明；50岁时又成了哑巴。

帕格尼尼的一生中，除了儿子和小提琴，几乎没有另一个家人和其他亲人。可是，上帝却让他成为了一个天才小提琴家。他的琴声几乎遍及世界，拥有无数的崇拜者，他在与病痛搏斗中，用独特的指法、弓法和充满魔力的旋律征服了整个世界。几乎欧洲所有文学大师都听过他的演奏并为之激动不已。著名音乐评论家勃拉兹称他是"操琴弓的魔术师"，歌德评价他"在琴弦上展现了火一样的灵魂"。李斯特在听过他的演奏之后，甚至大喊道："天啊，在这个四根琴弦中包含多少痛苦、苦难和受到残害的生灵啊！"

多少伟大的成功者不是在不幸中崛起的？他们正是因为遭受到的不幸，促使了他们变得更加坚强，对追求成功的渴望更加强烈。而他们之所以能做到这一点，是因为他们可以用正确的态度去面对不幸；它会使我们变得更加坚强。

第七章
不让心情影响自己

　　情绪是影响我们生活、夺去我们快乐无情的"杀手"，任何快乐都会因为坏情绪的出现而化为乌有。快乐生活是一天，不快乐生活也是一天，那么，我们为什么不选择快乐地生活呢？无论到任何时候，我们都不要让坏情绪影响到自己的生活，克服它，任何人都会变得更加快乐。

告别自卑的情绪

在所有情绪当中，自卑无疑是导致人们失去快乐、丧失成功动力最为关键的因素之一。自卑的情绪导致人们失败的例子数不胜数，这一可以称为成功克星的情绪，使太多人的生活失去了乐趣，甚至充满了痛苦。因此，我们一定要克服这一情绪的产生，让自己在告别自卑的同时，使生活变得幸福快乐。

从某个反面来讲，自卑也是一种消极的心理，它对我们自身发展具有很大的危害性。因为这种心理的存在，人们会变得自我怀疑，因为这种情绪的存在，人们甚至会否定自己、抛弃自己。不难想象，如果一个人对自己都失去了信任，那么，他又怎么可能取得成功、生活得幸福快乐呢？

人们所说到的自卑情绪，也就是给自己的心灵设限，从而也就导致了原本可以很轻松做到的事情，实现起来是那么的难。之所以会有这样的事情发生，是因为在这个世界上，能够有能力困扰我们的永远都是我们自己，是内心的情绪操控着我们，情绪的好坏，也将决定着我们最终所取得成果的好坏。

美洲狮是世界上最具有攻击力的凶猛动物之一，可让人觉得有些可笑的是，它竟然会害怕狗的叫声。据有关部门调查说明，这可能是由于美洲狮在进化的过程中曾受到过类似动物的袭击，所以才造成了它们心理上有阴影，害怕狗的叫声。仔细想想，我们人类又何尝不是如此呢？和美洲狮进行比较，人类要强大得多，可尽管如此，人们还是无法抵御内心的那种恐惧，被一件根本不会对自己造成影响的事情吓到。

在很多时候，那些因为恐惧而落入困境的人，往往不是因为自己能力方面的欠缺，而是他们缺乏面对现实的勇气，在没做一件事情之前，其实他们的内心已经输掉了，当一个人内心丧失了取胜决心的时候，就会导致人们的行为禁不起任何困难的考验，一次小小的挫折都会使他们走向失败。谁都无法否认，内心的恐惧要比行动能力方面的欠缺更加糟糕，它会使一个人彻底的堕落，就连尝试的勇气都会因此而丧失。

有一只乌龟在沙滩上晒太阳时，几只螃蟹走了过来，它们看到乌龟背上的甲壳嘲笑乌龟说："瞧瞧那是一只什么动物呀，身上背着厚厚的壳不说，壳上还有乱七八糟的花纹，真是难看死了。"乌龟听后，觉得很羞愧，因为它的确不喜欢背上背着个重重的甲壳，但甲壳是天生的，没有办法改变，每只乌龟都要接受这个现实，于是它只能把头缩进了壳里，躲避螃蟹的嘲笑。谁知这些螃蟹们看见乌龟并不反抗，变得得寸进尺："哈哈，快看它，还有羞耻心呢，以为把头缩回去，就可以改变你一生的命运了吗？"乌龟一直默默的忍受着螃蟹的嘲笑，它始终都没有出声，螃蟹觉得没趣就离开了。

乌龟等螃蟹走后，伸出了头，迈动四肢，找到一处礁石，把它的背部靠在石头上拼命地磨，它想磨掉那个给自己带来羞辱的甲壳。终于，乌龟把背上的甲壳磨平了，可它却感觉到身体是那么的疼痛。一天，东海龙王召集文武百官升朝，宣布封乌龟家族为一等爵位，并令它们全体上朝谢恩。在乌龟家族里，龙王一眼就看出了那个已经把甲壳磨掉了的乌龟，大怒道："你是何方妖怪，胆敢冒充乌龟家族成员来受封？"

"大王我是乌龟呀！"

"胡说，你想骗我，甲壳是龟类的标志，如今你连标志都没有，已经失去了本色，还有什么资格说自己就是乌龟。"说完，龙王便吩咐手下将这只没有壳的乌龟赶走了。

乌龟觉得自己不如别人，试图想通过改变自己的方式来弥补自己的不足，可万万没有想到，自己不但没有因此而找回自信，反而失去了自己原有的东西。

在很多时候，人类同样也会犯这样的错误。当我们得知别人在谈论我们的不足的时候，我们也会通过行动来弥补自己的缺点。这更说明了一个问题，当一个人听到别人在议论自己时，首先想到改变自己的人，他们的内心就已经否定了自己，他们会认为自己不如别人。这样一来也就会产生一种自卑的心理，在盲目改变自己的同时，也会失去自己原有的本色。其实，任何人都有缺点，我们也不要因为受到别人一些不好的议论后就试图改变自己。每个人都有自己的生活方式，自己的生活没必要被别人影响，更不应该因为别人而改变自己。有可能我们在有些方面会有一些不足之处，但这并不能证明我们注定就是一个失败者，千万不要因为自己的某些地方不如别人就产生自卑的心理，要知道，人人都有缺点，每个人都不可能是完美的。只要我们能鼓起勇气去面对生活，其实一切并不是那么的难以实现，通过自己的努力，任何人都可以打造出属于自己的一片天空。

告别悲观情绪

英国作家萨克雷曾这样说道："生活是一面镜子，你对它笑，它就对你笑；你对它哭，它也对你哭。"当人们面对一件事情时，他内心情绪的好坏会直接影响到他对生活的态度。一个遇事总是用悲观情绪面对的人，永远不会生活得快乐，他们的生活是阴暗的。因为悲观，他们会失去对自己的信心，因为悲观他们会因此而丧失前进的动力，任何一个小小的苦难，对于一个悲观的人来说，都是一次不小的打击。

在生活中，人们总会遇到这样那样的麻烦，无论面对的困难有多大，我们都不应该用悲观的情绪去面对。因为，用这种态度去面对困难，不但永远不会将其解决掉，我们的人生也会因此而变得充满忧虑。一个悲观的人，内心一定是脆弱的，他们没有面对现实的勇气，更没有向困难发起挑战的决心。而导致这一切发生的大部分原因都是因为这些人不能掌控自己的命运，他们往往会听从上天的安排，一切事情都会听天由命。正是这种态度使他们变得悲观，把所有发生在自己身上的不幸都视为理所当然。悲观的态度将会影响到一个人的一生，无论在生活还是工作上，他们始终都无法摆脱悲观给自己带来的阴影，每一次失败都会牢牢刻印在这些人的心里，以至于他们根本就没有勇气去尝试挑战，甚至是任凭困难的"宰割"。当我们仔细观察就会发现，那些悲观的人永远都会用悲观和消极的眼光看待客观的世界，这样一来，现实就会或多或少地被丑化，甚至在很多时候，明明是一件充满光明的事，在这些人眼里也会变得暗淡，至于在困难中获取生机，对这些人而言更是难上加难。

一个怀有悲观情绪面对生活的人，注定将生活在苦恼之中，这些人几乎无法体会到生活给人们带来的任何乐趣。对未来的一切都持着悲观的态度，会导致一个人的内心一直都处于迷茫的状态，无论面对现在还是将来，一个悲观的人永远不会对幸福生活抱有太大的希望，所有美好的东西在这些人眼里都将会成为一种奢侈品，甚至连想要得到的想法都是那么的渺小。正是他们对自己所做的一切都缺乏信心，再加上否定自己的优势和能力，才使得他们一直都处于迷茫之中，觉得自己根本就不具备把一件事情做好的能力，就连尝试的勇气都没有。其实，悲观的情绪并不是与生俱来的，一个人之所以变得悲观，一方面是由于否定自己的能力和优势，同时还会无限放大自己的缺点，致使因缺乏信心和勇气而最终难以有所成就。而另一方面主要是因为这种人在心理上不能悦纳自己，从而致使内心长期处于失衡和迷失的状态中，感受到的也只有痛苦和挫折。如果一直这样下去，不仅仅会丧失前进的动力、失去生活的乐趣，对身体健康也会有很大的影响。因为当一个人始终怀有悲观态度时，他的心里就会充满忧郁，长期下去无论对精神还是心理，都会产生一种不良的影响，也就会导致心理疾病的产生。

由于长久以来对自己缺乏信心，李跃慢慢变得遇事悲观，他失去了面对现实的勇气，从此他的人生渐渐变得阴暗。一次，在我与他聊天的过程中，他这样对我说："不知道为什么，在我做任何事情的时候，总是担心自己会失败，总会觉得自己不如别人，生怕失败了以后遭来大家的嘲笑，于是我就变得消极起来，每做一件事都格外的谨慎，甚至已经不敢做了。我的生活也因此而变得一团糟，就连在平时逛街的时候，我都会觉得很多人一直都在盯着我，好像他们都知道我是一个没有能力的人似的，这让我感觉到非常的苦恼，我发现，就连我的心理也出现了一些问题，我开始变得不喜欢与别人接触，总是单独呆在家里，我知道如果自己一直这样下去，后果会很严重的，可我就是改变不了自己，改变不了悲观的心理。"

听了李跃的话后，我也感到非常的难受，看到自己的朋友落入了困境，我也特别的着急。为了使他重新振作起来，我开始鼓励他，并经常会与他一起分析他遇到的一些困难。就这样李跃慢慢地好了起来，他开始相信自己，一次他公司的领导安排给他一个非常重要的任务，刚开始他还是有点恐惧，生怕自己会把事情搞砸。不过在身边人的鼓励和自己不断努力的情况下，最终他顺利的完成了这次任务，并且完成得非常出色。事后李跃找到我兴奋地对我说："我已经不是原来的我了，自从经历了这件事情以后，我重新找回了自信，无论面对任何困难，我都会勇敢的发出挑战。其实，我以前之所以总是怀有悲观的态度，就是因为我总是不相信自己，现在我不会了，因为现在我知道，只要付出努力，就没有办不到的事情，即使是失败了，我也会从中收获一些经验。还有，我之前担心的当我失败了会招来别人的嘲笑，也并非像我想的那样，相反，身边的很多人都会给予我帮助与支持，因此，无论面对任何事情，我都不会再以悲观的态度面对了，我

要尽情的享受生活。"

　　看到自己的朋友重新好了起来，我特别的高兴。我相信，当他和悲观说再见的同时，他的生活也一定会告别以往的阴暗，从此一片光明。

拖延也是一种情绪

拖延是一种态度，是一种情绪的体现，人们常常会为自己找很多借口，以便于拖延自己所做的事情。很多人会认为，拖延是一种聪明的做法，尤其是在工作当中，这样做不但会使自己的工作变得轻松，而且所得到的报酬也不会因此而减少，那么又何乐而不为呢？其实这样的想法是完全错误的，用拖延的态度去面对生活以及工作，就是在把自己一步步的推向失败，人们会因此而变得懒惰、失去奋斗的精神，更重要的是当一个人一直用拖延的态度去面对一切的时候，他们的人生也会因此而变得枯燥、失去挑战性，平庸的生活将伴随这些人一生。

每个人所获得的一切都是在行动的情况下而产生的，没有了行动也就没有了一切。而拖延正是行动的克星，只要有它在，人们就会丧失行动力，导致最终一无所获的结果。

俄国著名剧作家克雷洛夫说："现实是此岸，理想是彼岸，中间隔着湍急的河流，行动则是架在河上的桥梁。"

拿破仑说："想得好是聪明，计划得好更聪明，做得好是最聪明又最好。"

在我们的一生中，我们做着种种的计划，若能够将一切憧憬都抓住，将一切计划都执行，那么，事业生涯上的成就不知有多么宏大，我们的生命不知有多么伟大。

我们总是有憧憬而不去抓住，有计划而不去执行，坐视各种憧憬、计划幻灭消逝。凡是应该做的事，拖延着不立刻去做，想留待将来再做，怀有这种态度的人始终都是一个弱者。凡是有力量、有能耐的人，总是那些能够在一件事情还新鲜及充满热忱的时候，就立刻迎头去做的人。

你还得拿出行动才是。赫胥黎说："人生伟业的建立，不在能知，乃在能行。"用心定的目标，如果不付诸行动，便会变成画饼。

成功开始于心态，想要生活得幸福，就要有明确的目标，这都没有错，但这只相当于给你赛车加满了油，弄清楚前进的方向和线路，要抵达目的地，还得让车开动起来，并保持足够的动力。

希望大家不要忽视这些教诲，更要去实践它，因为知道是一回事，去做又是另一回事。《圣经》说："只是你们要行道，不要单听道，自己哄自己。因为听道而不行道的人，就像人对着镜子看自己本来的面目，看见，走后，随即忘了他的相貌如何。"

伟大的艺术家米开朗基罗曾看着一块雕坏了的石头说："这块石头有一个天使，我们必须把她释放出来。"成功的画家盯着画布说："里面有一幅美丽的风景，等着我把它画出来。"企业家说："我有很好的创业理念和理想，我一定会做到，它等着我将它达成。"我们自己呢？我们往往都只是看见理想或是梦想，却从不采取行动。为什么不采取行动？因为我们总是在拖延，让自己束缚了自己的命运。这就好像我们身体有病却拖延着不去就诊，不仅身体上要受极大的痛苦，而且病情还可能恶化，甚至成为不治之症。

所以说，如果你只是在那儿"想"生活得快乐幸福，那么快乐幸福就一辈子也不可能来到你身边。不相信你可以去问问那些大马路上乞讨的乞丐，他们想不想过幸福的生活，他们肯定也是希望幸福的，希望自己能够成为富翁，希望自己每天都能悠闲地喝着茶；你也可以去问问那些在大街上奔走的忙忙碌碌的人们，他们想不想使自己的生活变得更加幸福，他们当然也想。可他们为什么得不到自己所想要的一切呢？因为他们都只"想"，现实又不是魔法，可以让你在心中想想就心想事成。"想"终归只是"想"。

在阿凡提的故事中，有这样一个笑话：有一个巴依老爷，他有一颗鸡蛋，看着这颗鸡蛋，他就在想：真棒，鸡蛋可以孵出小鸡，小鸡长大了还可以下更多鸡蛋，更多的鸡蛋就孵出了更多只鸡，鸡又会生蛋，蛋生鸡，鸡生蛋……啊！光是想着，自己的面前就好像看到了白花花的金币，自己住上了华丽的宫殿……

突然"啪"的一声，鸡蛋掉在地上，碎了，所以他一切梦想都变成了幻想和泡影了。

想想看，这是多么可笑的一件事。但是生活中，很多人都间接地这样做着。

是什么阻碍了空想家成就事业？难道只是因为对"开始"的畏惧？或是对失败的担忧？或是因为空想家不够聪明、缺乏智慧、能力欠缺，还是运气不佳？而究竟又是什么使得行动者能够去做，从而成就了令人满意的事业，而空想家却注定了一个又一个的失败？答案很简单，哦！不过也很深奥。

给予行动者动力的，同时也是阻碍空想家进步的，那都是同样一件事物：注意！我是谁？我是你的终身伴侣，我是你最好的帮手；我也可能成为你最大的负担。我会推着你前进，也可以拖累你直至失败。

我完全听命于你，而在你做的事情中，也会有一半要交给我，因为我总是能快速而正确地完成任务。我很容易管理——只要你严加管教。请准确地告诉我你希望如何去做，几次实习之后，我便会自动完成任务。

我是所有伟人们的奴仆；唉！我也是所有失败者的帮凶。伟人之所以伟大，得益于我的鼎力相助；失败者之所以失败，我的罪责同样不可推卸。

我不是机器，除了像机器那样精确工作外，我还具备人的智慧。你可以利用我获取财富，也可能由于我而遭到毁灭——对于我而言，二者毫无区别。

抓住我吧！训练我吧！对我严格管理吧，我将把整个世界呈现在你的脚下。千万别放纵我，那我会将你毁灭。我是谁？我就是你的意志，就是你的行动。行动是成大事者打开成功大门的钥匙。只坐在那儿想打开人生局面，无异于痴人说梦，只有靠自己的双手，行动起来，才可能使自己获得幸福快乐的生活。永远都不要拖延，远离这种不良的态度，杜绝这种情绪的发生，用行动为自己打造一个美好的明天。

告别忧郁的情绪

忧郁的情绪会导致人们始终无法快乐地生活。随着一些不愉快事情的发生，人们就会产生忧郁情绪，忧郁的情绪是夺走我们快乐的"强盗"，有了它的存在，人生注定会变得阴暗。当一个人忧郁的时候，他便没有办法集中精力做好每件事，无论生活还是工作，都会因此而变得一团糟。忧郁会使人们的记忆力减退，忧郁可以使人们思维变得缓慢，使自我评价降低，甚至在遇到一些事情时，还会使人们产生极端的行为方式。据说，美国前总统布什在竞选落败后，忧郁得不能接受竞选落败这一现实，心理上受到了强烈的震动和影响，整整两个月都郁郁寡欢。

据有关医学专家研究发现，忧郁症已经成为世界上最为常见的心理疾病之一，据一些权威调查资料显示：全世界已经有过亿的人患有了忧郁症，患有抑郁障碍的人高达25%至64%，在全球的发病率超过了10%。抑郁会导致人们精神的沉溺，使人们变得欲罢不能，牢牢缠住所有光临它的人们。它表现为：以持续的情绪低落为特征，对生活缺乏兴趣，对前途悲观失望，陷入一种绝望的心理境地而不能自拔，有人把它比作"心灵的感冒"，可其实这远远要比感冒严重得多，想要得以康复，需要更多的个人的自我调节。

处于忧郁状态的人如果能够进行自我调节，积极面对现实和困境，接受不可避免的现实之后，就很可能克服忧郁的情绪，重新适应美好的环境，恢复正常人的生活。

巨大的生活压力，是最容易导致抑郁发生的，人们常常会因为承受不了某一方面的压力，从而变得忧郁，如果不能及时的做出调整，甚至还会导致抑郁。抑郁是一种非常隐蔽的心理疾病，一般人都很难察觉，如果不能及时调整自己心态的话，一旦陷入其中，就会变得无法自拔。

有一个眼睛患病的病人去找清初名医叶天士看病，叶天士看到这个泪流不止、精神忧郁的病人，仔细的进行一番望、闻、问、切后说："你的眼病并不严重，只需要几贴膏药就可以治好，但严重的是，在七天后之后，你的两只脚会长出恶疮，那几乎是致命的。"

病人听后，非常的恐慌，他连忙跪下请求说："还请叶神医一定要治好我的病，我一定会重重的报答你。"叶天士连忙把他扶起来说："你不要害怕，你的病还有得救，还没有到山穷水尽的地步，只要你按照我说的去做，你就能够好起来。"病人听后赶忙回答说："我一定会按照您的吩咐去做，你让我怎么做我都愿意。"叶天士对这个病人说："你每天临睡觉之前和早晨起床后，用手仔细揉搓你两脚心各360次，一次也不要少，如果你能坚持下去，那你就有可能会战胜病魔。"

病人对当时这位鼎鼎大名的医学家的话奉为圣旨一般，回到家中后，便一点不敢怠慢的按照医生所说的去做。很快七天过去了，这位病人不但眼睛完全康复了，脚下也没有生恶疮，为此他感到非常的高兴。便去向叶天士道谢。叶天士微笑的对他说："你的眼病其实是长期忧虑所致，只要用上药，你不再去想它，眼睛自然就会痊愈。但你的心事更重，你的眼痛令你心里担忧绝望的不得了。我让你揉你的双脚，自然你也就不会注意到你的眼睛了，而且揉脚心还可以使你去火定神，补肾强身。如此这般，心病一去，眼病自然也就好了。"

其实在生活上也是如此，有些事情原本是很好的，可却因为一个人过多的忧虑导致整件事情变得糟糕。内心的忧郁经常会导致一些不幸的事情发生，过多忧郁只能带来痛苦，这是一件百害而无一利的事。美国著名成功学大师卡耐基在他编著的一本书中这样写道："不要为了明天而忧郁，因为明天还有明天的忧郁；一天的各种困境让一天担当就足够了。""无论如何都要为明天打算，深思熟虑，但不要焦虑不安。"

古希腊伟大的哲学家、思想家柏拉图说："医生治病时所犯下的最大的错误，就是只管治疗身体上的疾病而不去治疗心理上的疾患，因为人的身心其实是密不可分的。"经过有关部门调查后表明：那些住院病人当中的50%的人都是因为情绪紧张过度引起健康状况恶化。如果把这些病人的神经放在高倍显微镜下观察，没有发现他们的神经与那些健康人的神经有什么不同。所以他们焦虑的根源并非身体的神经出了生理障碍，而是沮丧、焦虑、失败、惧怕、苦闷和绝望等情绪导致的。

在很多时候，人们之所以会变得堕落，往往都是因为内心出现了问题，当一个人怀有焦虑不安的情绪时，是无法将任何一件事情做到最好的，因此，我们一定要杜绝忧郁，时刻调整自己的心情，使其永远保持健康的状态，这样我们才可以生活得更加轻松，用良好的精神迎接新一天的到来。

坏情绪有损健康

英国伟大思想家欧文曾这样说："人类的幸福只有在身体健康和精神安宁的基础上，才能建立起来。"最美好的幸福和快乐需要建立在健康上面，一个失去健康的人即便是能体会到快乐，也始终会有些缺陷。一个人情绪的好坏，将直接影响到他的健康。俗话所说的，笑一笑十年少，愁啊愁白了头，就是这个道理。心理学家、医师、高级神经活动学说的创始人巴甫洛夫说："愉快可以使你对生命的每一次跳动，对生活的每一印象易于感受，不管躯体或是精神上的愉快都是如此，可以使你的身体发展，身体强壮。"

人的一生注定会经历很多开心或是不开心的事，我们往往会因为受到一些不良因素的影响后产生坏情绪。卡瑞尔博士说："在现代紧张的都市生活中，能够保持内心平静的人，才能免于精神崩溃。"对于出生在这个竞争激烈时代的我们，更应该学会自我调整自己的情绪，以便于可以更加健康的生活着。

我们会经常遇到这样一些人，他们的脾气十分暴躁，似乎不愿意和任何人进行交往，就连对自己的亲人话语稍有些不投机，也会使这些人大发雷霆。导致这些人有这样行为的主要原因之一就是他们的情绪上出了问题，有可能是因为受到某些反面因素的影响，他们的情绪变得非常的糟糕，也就导致了他们暴躁脾气的产生。当这样的事情发生后，如果能及时做出调整还好，要是不能将自己的态度调整过来，一直处于这种因为情绪引起的烦躁当中的话，就会对人的身体产生很大的危害。

据科学家研究发现，不愉快的情绪会对人的身体产生以下几种损害；

第一，长色斑。在人生气的时候，血液会大量涌入头部，因此血液中的氧气就会减少，毒素便会因此而增多。而毒素会刺激毛囊，引起毛囊周围程度不等的炎症，从而出现色斑。

第二，脑细胞衰老加速。大量的血液涌入大脑，会使脑血管的压力增加。这时血液中含有的毒素最多、氧气最少，对脑细胞的损害是极为严重的。

第三，胃溃疡。情绪不好会引起交感神经兴奋，并直接作用于心脏和血管，使胃肠中的血流量减少，蠕动减慢，食欲变差，严重时就会引起胃溃疡。

第四，心肌缺氧。大量的血液冲向大脑和面部，会使供应心脏的血液减少而造成心肌缺氧。心脏为了满足身体的需要，只好加倍工作，于是心跳更加不规律，对人体的危害也就更大了。

第五，损害肝脏。当人生气时，人体就会分泌一种叫"儿茶酚胺"的物质，作用于中枢神经系统，使血糖升高，脂肪酸分解加强，血液和肝细胞内的就会相应增加。

第六，引发甲亢。生气令分泌系统紊乱，使甲状腺分泌的激素增加，久而久之便会引起甲亢。

第七，伤肺。情绪冲动时，呼吸就会变得急促，甚至还会出现换

气的现象。肺泡不停扩张，没时间收缩，也就得不到应有的放松和休息，从而危害肺的健康。

第八，损害免疫系统。生气时，大脑会命令身体制造一种由胆固醇转化而来的皮质固醇。这种物质如果在身体内积累过多，就会阻碍免疫细胞的活动，使身体的抵抗力下降。

其实坏情绪对人身体健康的影响还不仅仅是这些，在精神上也会给人造成很大的损害。总而言之坏情绪对人是没有一点好处的，如果想生活得更加健康快乐，我们一定要克制坏情绪的发生，时刻保持快乐的心情，凡事都要以轻松的态度去面对。

自我调节情绪

人们的情绪是可以由自己掌控的，每个人都可从自我调节情绪。弗夫·霍华德说："对消极的情绪有一个明确的了解，就可以消除它。"只要我们能清楚地了解到使我们情绪变坏的真正原因，并可以坦然的面对，每个人都可以对自己的情绪做出调整。

当人们遇到一些烦心事的时候，千万不要到处发牢骚，这样做往往不但不能对自己的坏情绪做出有效的调整，也会对别人的情绪造成一些影响，既然我们已经被坏情绪所困扰了，我们又何必让别人和自己一起不快乐呢。真正的快乐不仅仅只是一个人的快乐，是所有人的快乐，所以我们应该对别人多一些笑容，在看到别人开心生活的同时，我们自己也会因此而变得心情舒畅，那么，一些不良的情绪也会因此而得以缓解。其实，有些人喜欢把自己的不愉快向别人诉说，也许对调整自己的情绪会有一些帮助，可我们要明白，当别人听到我们诉说痛苦的时候，他们的心情也会因此而变得低落，尤其是对一些并非情同手足的朋友诉说自己的烦恼，他们表面上会表现得很同情，可实际他们的内心也会因你的这种行为感到有些不愉快。再看看那些生活真正快乐的人，他们之所以可以一直快乐地生活着，往往是因为他们懂得把快乐带给别人，他们可以通过这种方式对自己原本不好的情绪做出调整，从而使自己获得快乐。

当一个怀有坏情绪的人融入一个快乐的群体当中时，因为受到快乐氛围的影响，他很快就会把烦恼抛在脑后，与身边的人一起享受快乐。在人们遇到一些不开心的事情的时候，总是喜欢去度假，去放松自己的心情，其实，他们也是在把自己融入一个快乐的氛围里，使自己忘记烦恼。

一个真正的快乐者永远不会把自己的烦恼托付给别人，相反，他们总是在与别人分享自己的快乐。这些人总是喜欢站在别人的角度去看待问题，从来不会因为自己的一些行为给别人带来不好的影响。因为他们觉得，为别人带来快乐的同时，自己也一定会有所收益。

有一个伟大的成功者，他年轻的时候，只是一个一无所有的流浪者。

一次，他流浪到一个偏僻的小镇上，受到了镇长的热情款待。

这天正在下雨，镇长家门前的小路变得异常泥泞，来往的人们为了躲避泥泞，便纷纷从镇长家的花圃上穿过。看到美丽的花被踩得东倒西歪，年轻的流浪者替镇长感到生气，他冒着雨守护在花圃的旁边，督促走过这里的人们从泥泞的道路上通过，不要踩这些美丽的花。这时，镇长挑着一筐煤渣走了过来，他默默地将煤渣铺在了泥泞的道路上。

年轻人非常不解，他以询问的眼光看着镇长，但镇长只是一笑置之。泥泞的道路上铺满了煤渣，于是人们都从路上直接走过了，没有人再去踩花圃了。镇长笑着对年轻人说："看到了吧，关照别人也就等于是在关照自己。"这时，年轻人才恍然大悟，他牢牢地记住了镇长对他说的这句话，在以后的事业上，他也时时都在提醒自己，多为别人做些事，自己也一定会有所受益。

人类是一种情绪化的高级动物，而情绪的变化会直接影响到人们的生活。好情绪也好，坏情绪也罢，它总会随着人们的心情即兴的发挥，当坏情绪到来的时候，不但会使人们生活得不愉快，很多时候还会因此而得罪自己身边的人，甚至是要好的朋友。可以说，坏情绪带来了种种不良的影响，是它导致了很多不愉快的发生。因此，我们一定要经常注意自己的情绪，并及时对其做出调整，使自己一直保持一个良好的精神状态。

当一个人心情愉快的时候，生活一定会非常的幸福和美满，每天都会生活在快乐当中。这个时候，任何事物在自己的心中都会感觉很好，即使在处理一些繁琐的事情的时候，也不会因为麻烦而感到不快，同时也一定能和身边的人相处得非常融洽。

反之，当一个人心情很差、情绪低落的时候，生活就会因此而变得严峻和残酷，他们会感觉到生活到处都充满了危机，各方面的压力使自己喘不过气来，这样一来，每一个小小的触动都会引起这些人大发雷霆，在这些人身上，很难发现快乐的影子。

怀有不良情绪去做事的人，始终不可能将一件事情顺利的做好，因为在任何一次与别人交往时，他们都会感到厌烦，从而导致了不能与他人良好的相处，这样就会产生一些不必要的争执，也就使事情无法顺利的进行下去。

其实，在很多时候一件糟糕事情的发生往往都是由不良情绪而引起的，而这种情绪是完全可以自我控制的。也就是说，只要我们能调整自己的情绪，克制自己不把坏情绪发泄在别人身上，就可以顺利的做好每件事，从而也就会使自己生活得非常快乐。一个懂得自我调节情绪的人的人生一定是充满快乐的，他们可以将一切不愉快的事远远的抛在脑后，尽情享受快乐的生活。

永葆进取心

人们常说"金无足赤，人无完人"。有缺陷和不足并不可怕，可怕的是不能正视自己的不足，不能克服自己的不足。勇于正视自己的不足，是一个人克服缺点、走向成功的开始，一个民族也是这样，一个国家还是这样：只有正视自己，取长补短，发愤图强才能走向成功。

人生没有现成的机会，可能你还不成功，但不必烦恼，也不必愤慨。孔子说："三人行，必有吾师焉。"如果敢于正视自己的不足，虚心向周围的人学习，取人之长，补己之短，勇敢地面对自己的弱点，人们则只会看到培养起来的人生光华，而忽视了曾经的缺陷和不足，最为重要的是扶正了自己那不平扭曲的心理，走出了自身心理的阴暗。

有一位年轻人，他对大学毕业之后何去何从感到彷徨。因为他没有考上研究生，不知道自己未来的发展；他的女朋友将去一个人才云集的大公司，很可能会移情别恋……别的同学都主动去联系工作单位，而他成天借酒消愁，无论做什么都提不起兴趣，天天混在宿舍里，对任何事都无动于衷，甚至天天梦想着时来运转。他还经常和同学争吵，陷入了一种无所事事的状态之中，最后他的同学几乎都找到了工作。而他却烦恼丛生，整个人到了即将崩溃的边缘。

于是他去找心理医生。心理医生说："无病呻吟！你看到过章鱼吧？有一只章鱼，在大海中，本来可以自由自在地游动，寻找食物，欣赏海底世界的景致，享受生命的丰富情趣。但它却钻进了一个珊瑚礁，然后动弹不得，焦躁不安，呐喊着说自己陷入绝境，你觉得如何？"

最后，心理医生提醒他："当你陷入烦恼的怪圈时，记住你就好比那只章鱼，要松开你的手，让它们自由游动。系住章鱼的正是自己的手臂。"

就像这个例子一样，人心很容易被种种烦恼所捆绑。但都是自己把自己关进去的，是不能正视自己，自投罗网的结果，就像这条作茧自缚的章鱼，从不想着走出来，最后让无谓的烦恼毁了自己。

一直以来，在我们的教育中，个人总是被否定的那一个：面对集体，我不重要，为了集体的利益，我应该把自己个人的利益放在一边；面对他人，我不重要，为了他人能获得开心，只能牺牲我自己的开心；面对我自己，我也不重要，这个世界上，少了我就如同少了一只蚂蚁，没有分量的我，又有什么重要性？但是作为独一无二的我，真的不重要吗？不，绝对不是这样，我很重要。

我们每个人的生活面貌都是由自己塑造而长成的，如果我们能学会接受自我，知道自己的长处明白自己的短处，便能踏稳脚步，达到目标；这样就不至于浪费许多时间精力，白白苦恼。发现自我，秉持本色，这是一个人平安快乐的第一要诀。然而，现实生活中却有很多人做不到这一点。

不能保持自己的本来面目，这一问题自古皆然。詹姆士·高登博士认为："这是人性丛林中的一种普遍现象。"这也是造成许多神经衰弱症、精神错乱的根源。曾针对儿童教育问题写过十多本书和上千篇报道的安哥罗·派屈说道："当理想中的自我与现实中的自我不相一致时，那就是一种不幸。"这种现象在好莱坞比比皆是，著名导演山姆·伍德说过，他最头痛的就是让那些年轻演员如何秉持住自己的本色，他们只想变成三流拉娜·透拉，或三流的克拉克·盖博，"而观众要的是另一种口味"。在执导《战地钟声》等名片之后，山姆·伍德从事过好几年的房地产生意，形成自己的推销风格。他声称，拍电影和做买卖原则是一样的，如果你一味模仿别人，就不能成功。"经验告诉我，"伍德说，"不能表现出自我本色者要失败，而且失败得很快。"所以，你既然已经来到了世上，就应庆幸自己是世界上独一无二的，应该把自己的天赋发挥出来。据说，所有的艺术家都是具有一些天赋的，你是什么就唱什么，是什么就演什么。经验、环境的遗传干扰了你的面目，不论是好是坏，你都得弹起生命中的琴。每个人在受教育的过程当中，都会有一段时间确信：嫉妒是愚昧的，模仿只会毁了自己。每个人的好与坏都是自身的一部分；纵使宇宙间充满了美好的东西，但如果不努力，你什么也得不到；你内在的力量是独一无二的，只有你知道自己能做什么，但除非你真的去做，否则，你不知道自己能做些什么。

只有那些总是固步自封、总朝后看的人才会一成不变地墨守着那些早已为人所抛弃的陈旧方法。有一天他们终将承认，观念保守、思想陈腐的人就像得了半身不遂之症，不再能动弹一丝一毫。使用那些早已过时了的、毫无作用的方法来做事的人，就如急于赶路却抛弃飞机、火车和汽车而骑毛驴的旅行者。

很多最初业绩很不错的教师，他们因为固步自封，教来教去却毫无新意，在他们的眼里没有文化的最新发展和方向，没有新的教学方法与概念，所以他们总是无法跟上时代的步伐，其结果只能是落后而遭人抛弃。

很多律师的法律只是多年前学来的，辩论方法也同样陈旧，这些或许会让他在几十年前大出风头。但法律现在已有了大步发展，辩论方法更是今非昔比。他们却墨守成规，不再去学习，而反复运用乐此不疲，只能使他们最终惊叹于自己的生意被那些初出茅庐、毫无资历的新人们抢走。

在乡下开了多年的商店，却只能出售一些老古董的商品，不懂得怎样翻新而跟不上时时刻刻在变得需求，当顾客上门时，不是没有这种商品，就是没有那种商品，这将最终难逃关门的厄运。所以如果还有许多已过时的库存货在你的店里卖不出去，那么还是趁早把它们从货架上撤下来，不论价格多低趁早把它们卖掉，不要让这些过时货再白白地占着货架，然后根据需要进些新商品。

相反，能走向成功的人，是那些一直保持着进取的姿态、有富于创新的勇气、永远都走在时代前沿的人。他们与那些虽说资历很老、一度叱咤风云而思想却已落后于当代的人相比，不知道要好过多少倍。

求人不如求己

当上帝关闭了你面前的一扇窗的时候，一定还会为你打开另一扇窗。当你陷入某种困境和弱势时，不要期望别人来支援你，更不要以自己的处境来乞求别人的怜悯。在人生的道路上，唯一能够拯救你的，只能是你自己。重要的是，你要试着找到上帝给你打开的另一扇窗。

一次，有一个抑郁的人去医院看病。他在医院担忧地对医生说："我晚上常常失眠，心中充满了各种各样的忧愁和烦恼。"

医生对他进行一番详细检查后，发现他没有任何疾病，只是情绪不佳而已。医生建议他多休息，并可以找一些乐子。医生说："城东的马戏团表演非常精彩，特别是那个小丑的表演精彩绝伦。你如果去了，一定会让你的忧愁和烦恼一扫而光，还会让你发笑，得到真正的快乐呢！"

病人无奈地说："不会起任何作用的，因为我就是那个表演的小丑。"

读了这个故事，颇耐人寻味，它是说没有一个人能够真正了解我们内心深处的忧伤，只有自己多多地自我了解，自我化解，才能自己拯救自己。

生物学家说，飞蛾在由蛹变茧时，翅膀萎缩，十分柔软；在破茧而出时，必须经过一番痛苦的挣扎，身体中的体液才能流到翅膀上去，翅膀才能坚韧有力，才能支持它在空中飞翔。一天有个人凑巧看到树上有一只茧在蠕动，好像有蛾要从里面破茧而出，于是他饶有兴趣地准备见识一下由蛹变蛾的过程。

但随着时间一点点过去，他变得不耐烦了，只见蛾在茧里奋力挣扎，将茧扭来扭去的，但却一直不能挣脱茧的束缚，似乎是再也不可能破茧而出了。最后，他的耐心用尽，就用一把小剪刀，把茧上的丝剪了一个小洞，让蛾摆脱束缚容易一些。果然，不一会儿，蛾就从茧里很容易地爬了出来，但是它身体非常臃肿，翅膀也异常萎缩，耷拉在两边伸展不起来。

他等着蛾飞起来，但那只蛾却只是跌跌撞撞地爬着，怎么也飞不起来，又过了一会儿，它就死了。

任何香甜的果实，都是勇士战胜艰难险阻，用自己的血汗浇灌的。外部力量的介入可能阻碍甚至扼杀成功的产生。揠苗助长也就是这个意思。古时候有个人很想让禾苗快点长，可天天去看，禾苗都没什么变化，这人看它们长得那么费劲，就很"聪明"地帮它们往上拔，结果可想而知——禾苗全都死了。

有很多事情都是要靠自己去经历、去尝试、去完成的，别人无法代替你。

有一天，下着大雨，一个人躲在屋檐下避雨，他突然看见观世音菩萨正打着伞走过。这个人便对观世音菩萨说："观世音菩萨，度我走一段如何？"

观世音菩萨说："我自己在雨中，而你在屋檐下，檐下无雨，你用不着我度。"

这个人不由分说，立刻跳出檐下，站在滂沱大雨中，说："现在我也在雨中了，这回该度我了吧？"

"你在雨中，我也在雨中，我没有被淋着，是因为我有伞，你被雨淋是因为没有伞。所以，度我的是伞。如果你想度，不要找我，请找伞去。"观世音菩萨说完就走了。

到了第二天，这人遇到一件麻烦事，便去寺里求观世音菩萨，他发现观世音菩萨塑像前已经跪着一个人，那人长得和观世音菩萨如出一辙、丝毫不差。

于是这个人又充满疑惑地问："你不就是观音吗？"

观世音点了点头，继续跪拜。

这人感到很惊奇，又问："你为什么拜你自己呢？"

观世音菩萨笑道："我和你一样，也遇到了难事，但我明白，求人不如求己呀。"

有一句话：自助者，天助之。唯有自己才是自己的救命神。一个人如果树立了正确的价值观，丰富自己的修养，正确认识和塑造自我，就会铸就幸福和成功的人生。

生活中的你需要过什么样的日子，走一条什么样的道路，起决定作用的还是你自己，自己只能靠自己拯救，我们只有用自己的生命去体验人生，去接受人生中的风风雨雨。终会有一天，我们会走出生存的困境，从而彻底地解救自己，流淌自身汗水的成功多么令人高兴和感到荣耀。因此，自己拯救自己是最大的人生快乐和幸福了。

第八章
不要在意他人的批评

批评会给人们带来很大的帮助，无论是对是错，我们都将会从中受益。因此，我们一定要坦然地接受来自任何人的批评，永远不要因此而产生无谓的苦恼，那只会使我们的生活变得阴暗。

接受他人的批评

促使一个人发火的原因有很多，最为常见的就是由遭到别人批评而引起的。无论在生活还是工作当中，我们经常会看到这类事情的发生，一个人因为遭到别人的批评后到处发泄情绪，所有人都成了他攻击的对象，愤怒的心理使他变得极为暴躁。我们谁都会遭到批评，可以说这是我们生活中的一部分，越深刻的批评就越能使我们深刻认识到自己的不足之处，它是促进我们成长最好的帮手。所以说，我们不应该因为遭到批评而感到不愉快，甚至是发怒。

伊本·加比洛尔曾这样说道："一个人的心灵隐藏在他的作品中，批评却把它拉到亮处。"很多一直都处于迷茫状态的人，往往都是因为受到别人的批评后才清醒过来的。没有批评人们就很难会有所进步，因为人们无法更加清楚地知道自己所做的事情是对是错，尤其是对那些怀有满腔热血做自己喜欢做的事情的人而言，他们更需要别人的批评来为自己提醒，以至于自己不会盲目的做一些错事。换个角度来说，既然批评是一件好事，那么，我们就更不要因此而发怒了。这不仅会影响到我们的生活和工作，对身体也有着很大的伤害。

美国的一份《生活》杂志上曾刊载说："愤怒不止的话，长期性的高血压和心脏病就会随之而来。"

曾有一位非常优秀的剑客，他打遍天下无敌手，因此他也成为很

多人心目中的英雄。可这个剑客却有一个缺点，他永远不能接受别人对自己的批评。

一次，他在与对手决斗取得胜利后，遭到了很多人的批评。原因是对方是位女士，可他并没有因此而放过对手，并且将其伤得很重。一时间，种种批评扑面而来，有的说他不讲道德，有的说他不配做一名英雄，甚至还有人说他应该离开这个国家，他的行为让人感到恶心。听到这些消息后，这位剑客十分的愤怒，他不仅没有接受批评，还对外宣布，一定要报复那些批评过自己的人。原本以为这样就可以使那些一直都在批评自己的人就此收口，可他这样做不但没有实现自己的想法，相反，却招来了更多人的质疑。就连那些一直视他为英雄的人也对他的这种行为感到不能理解。于是所有人都开始慢慢的讨厌他，他英雄的美名也就此而终结了。因为不能接受现实，剑客因此而大病一场，差点丢掉了自己的性命。

当我们面对别人批评的时候，应该学会坦然的接受，并对此做出思考，仔细想想自己是不是有什么地方真的做错了，如果是这样的话，一定要及时做出检讨。千万不要不分青红皂白的大发雷霆，这样不仅会影响到自己的品德，对身体也是没有一点好处。

其实，那些不能接受别人批评的人，也是一种逃避责任的表现。正是因为他们没有勇气承担自己所犯下的错误，才不敢面对别人的批评。他们试图用逃避和反抗的方法为自己进行辩解，可很显然，这种做法是错误的，在不能将其化解的同时还会招来更多不必要的麻烦。

小云在一家文化公司里工作，由于工作还算出色，领导将她升为了部门的主管。可升职没过多久，她就因为态度问题被公司炒鱿鱼了。

在完成一次任务时，小云因为和部门里下属的意见产生了分歧，两人闹得很不愉快。最终导致了任务的失败。事后，下属对小云的能力提出了质疑，他认为，如果当初能按照他的计划去执行这次任务，一定能顺利的完成，也就不会有现在这样的事情发生了。消息传到小云的耳朵里后，她顿时大发雷霆，并且马上找到了在背后批评自己的那名下属。为了逃避领导的怪罪，小云甚至还把所有责任都推给了那名批评自己的下属，说全是因为他的不团结，才导致了任务的失败。其实，领导对此事早已心知肚明，原本就是小云的错。是她觉得自己大小也是个领导，没必要接受下属的意见和批评，才导致了与同事间产生了分歧，使这次任务失败。最终，领导没有听小云解释，不但狠狠的批评了她，还将她炒了鱿鱼。

正确的认识批评，不要因此而产生不良的心理。动怒对我们没有一点好处，更何况这并不是一件值得我们动怒的事，相反，它应该是一件让我们感到高兴的事。在很多时候，之所以一个人能得到别人的批评，说明这个人还被大家关注着，大家是希望他能改正错误。所以说，我们一定要正视任何人的批评，并从中找到自己不足之处，加以改进。

别让批评影响你

一些批评是善意的，可也有一些批评是不怀好意的，面对别人的恶语相向，我们要轻松的将其抛开，不要让它对我们造成任何影响。否则，它将会成为我们挥之不去的阴影，始终纠缠着我们。

在我们的生活中，遇到一些正常的批评是一件好事，他会给我们带来很多纠正错误的机会。至于那些属于个人攻击、诽谤、中伤和诋毁的批评，我们如果不想被一些别有用心的批评伤害，就不要在意它，面对那些恶意的批评，我们没必要为此浪费一丁点精力，如果你没有这样去做，那么，你很有可能会上那些试图用这种方式攻击你的敌人的当。

据说，佛陀在一次旅途中，遇到了一个不喜欢他的人，旅途中那个人想尽一切办法去侮辱他，这种侮辱持续了几天，伴随着一段很长的旅途，如果换作任何一个普通人，都会向那个污蔑他的人讨个说法，可佛陀却毫不理会。

等那个人骂够了，正想悻悻而去时，佛陀转身回问："如果有人想送你一份礼物，但你一直拒绝接收，那么，这份礼物应该是谁的？"

"很简单嘛！礼物应该属于那个送礼的人。"

佛陀听了，笑了笑说："我本来没有过错，这如同礼物一样，如果我一连几天不接受你的辱骂，那就等于你自己在骂自己。"

那人听后没有作声，灰溜溜的走掉了。

生活中人们经常会遇到一些不怀好意的批评，如果不能用正确的态度去面对，将会给我们的生活带来很大的影响。当这样的事情发生在我们身上的时候，我们千万不要被一些罪恶所感染，要控制自己的情绪，时刻保持一个健康的心灵，如果可以这样做，那么，错误的批评乃至所有不良因素都不会影响到我们。相反，假如一味地沉溺于别人的想法或说法，就很容易陷入被动，甚至会被对方所累。

真正的智者永远不会因为敌方情绪上的一些挑逗而失去理智，面对恶意的批评，他们总是会一笑而过，根本就不会将其放在眼里。这些深明大义的人，能以极大的意志力克制自己的不良情绪，尽管受到很大的攻击，可他们的情绪却始终会保持平和，平静的心态使他们冷静地面对发生的任何事情，并还会将自己的精力集中，用正确的方法把自己所遭遇的不良环境轻松的化解掉。

在一次酒会上，一个女政敌高举酒杯走到了丘吉尔面前，指了指他面前的酒杯说："我恨你，假如我是你的夫人，我一定会在你的酒杯里下毒。"这是一句充满仇恨的挑衅，伟大的丘吉尔却微笑着说："您放心，如果我是您的先生，即使是一杯毒酒，我也会将它一饮而尽。"

一次，有一个不速之客突然闯入了洛克菲勒的办公室，直奔洛克菲勒办公桌的面前，他一边用拳头用力的击打着办公桌一边愤怒的说："洛克菲勒，我恨你，我有绝对的理由恨你！"接着，这个暴跳如雷的家伙对洛克菲勒的谩骂持续了十多分钟。

所有人都为自己的老板感到愤怒，他们觉得接下来洛克菲勒一定会拿起墨水瓶向那个不停在羞辱自己的家伙丢去，或是叫人把他轰走。

但事情并没有向大家想象的那样，洛克菲勒不但没做出任何反抗和回击的行为，并停下手头的活，用一种温和的眼神注视着这位不识趣的攻击者。对方越是急不可耐，他越显得和善。

那个狂妄的家伙被洛克菲勒的大度搞得莫名其妙，嚣张气焰慢慢的平息了下来，甚至竟有些手足无措了。

最后，他又在洛克菲勒的办公桌上狠狠地敲打了几下，但洛克菲勒依旧是用和善的眼光看着他，没有给出任何回应，最终这个狂躁的家伙感到有些尴尬，便转身离去了。而洛克菲勒就像什么事情都没有发生过一样，继续开始工作。

"忍一时风平浪静，退一步海阔天空。"其实忍耐是化解冲突最好的方法，当一个人发怒时，如果遇不到反击，他便不会坚持太长时间，那么，他的不良情绪也会随之而慢慢地变弱，这也就促使了他由最初的暴躁情绪，慢慢转化为平静。

面对别人的挑衅，那些真正的智者并不会迎"风"而上，他们往往会用自己的聪明才智轻松并且友善的化解了自己所遭遇的麻烦，平和的心态和友善的行为，使他们无论遇到什么样的事情，都会格外的冷静，永远不会因为别人的不良情绪而影响到自己。

对恶意的批评一笑了之

一群孩子正在草坪上踢足球，突然天上飞过一架飞机，詹姆斯抬头看着天上的飞机，心想在天空中飞行一定特别好，蓝蓝的天空、朵朵白云，是那么的美丽。他心中突然产生了一个想法，他想长大后当一名飞行员，在天空中自由地飞翔。

就在这时候他的伙伴大声地喊着他的名字说："詹姆斯，你在做什么，在那里发什么呆？"詹姆斯说："快看天上的飞机，长大后我要当一名飞行员，我也要飞上蓝天。"他的伙伴对他大吼："好了你别在那妄想了，你这个傻瓜，我发誓你这辈子都不会成为飞行员的，快去把足球捡回来。"詹姆斯没有去捡球，也没有因为伙伴的讽刺而放弃心中的想法，他暗暗的下决心一定要实现自己的目标。

詹姆斯长大后，考上了一家航空大学，也如愿以偿的当上了飞行员。一天他驾驶着飞机在天空中飞翔的时候，经过了他小时候居住过的地方，想起了他的小伙伴对他曾经说过的话，内心充满了自豪。

任何一个成功者都不会因为受到别人的一些影响而放弃自己追寻的目标，更不会让一些讽刺和批评左右自己，面对别人恶意的行为，他们会一笑了之，并且会用行动证明自己是正确的。相反，还有很多人不能做到这一点，他们似乎不是在为自己而活，当遇到一些外界因素影响时，他们会显得无所适从。一个人不可能永远只得到别人的赞

美，即便是你非常的出色，也避免不了遭遇一些批评，而批评中也始终都会有一些恶意的，很多人都会因为受到恶意的批评后，便失去了原有的自信，甚至还会怀疑自己所做的事情是否正确，并开始担忧自己的能力。这样一来，就会使人们无法集中精力去做事，原本很有把握的事，往往也会因此而被自己搞砸。

在人类的行为中，存在一条基本的原则，如果你能遵守它，就一定能为自己带来快乐，而如果你违反了它，就会陷入无止境的挫折中，这条法则就是："尊重他人，满足对方的自我成就感。"杜威教授就这样说："人们最迫切的愿望，就是希望自己能受到别人的尊重。就是这股力量促使人类创造了文明。如果你希望别人喜欢你，就要抓住其中的诀窍；了解对方的兴趣，针对他所喜欢的话题与他聊天。你希望周围的人喜欢你，你希望自己的观点被人采纳，你渴望听到真正的赞美，你希望别人重视你……然而，己所不欲，勿施于人。那么让我们自己先来遵守这条法则；你希望别人怎样待你，你就要先怎样待别人。"

我国明代学家屠隆在《续娑罗官清言》中说：情尘既尽，心镜逐明，外影何如内照；幻泡一消，性珠自朗，世瑶原是家珍。其意思就是说，只要放下对尘世的眷恋之情，那么心灵之镜就会明亮澄澈，从外部关注自己的形象，不如从内部进行自我省察，驱除庸俗的念头；只要看破实质，打消对如梦幻泡影一样的世事的执著之念，那么，自身天性就会像明珠一样晶莹剔透，熠熠生辉，要做世间少有的通达超脱之人，最关键的还是要保护好自己内心的那一份淡然。

美国总统罗斯福的夫人曾经这样告诉成年教育家卡耐基：她在白

宫里一直奉行的做事准则就是"只做你心里认为是对的事"，反正是要接受批评的，做也该死，不做也该死，那就应该做应该做的事情，对一切非议一笑了之，再也不去想它。这才是做事情成功的关键。

过于在乎别人的说法，只能使自己的生活充满忧虑，尤其是对那些错误的批评，如果我们事事都往心里去，那么，你迟早都会被它们折磨的疯掉的。

美国著名总统林肯将那些对自己的刻薄恶意的批评写成了一段话，这段话被后来的英国首相丘吉尔裱挂在了自己的书房里。"对于所有恶意批评的言论，如果我对它们回答的时间远远超过我研究它的时间，我们恐怕要关门大吉了。我将尽自己最大的努力，做自己认为是最好的事，而且一直要坚持到终点。如果结果证明我是对的，那些恶意的批评便可不去计较；反之，我错的，即使有十个天使为我辩护也是枉然的。"

虽然我们不能阻止那些心怀恶意的人向我们提出恶意的批评，但我们完全可以控制自己的情绪，完全不会理会它们。所有人对我们提出的批评，都是以他们的观点来说事的，我们千万不要因此而对生活感到迷茫，做自己，做自己认为正确的事，不要让任何人或是任何事影响到我们，才是最好的选择。

勇于面对嘲讽

没有人敢保证他一辈子不会遭到别人的嘲笑，生活中的每个人都有可能成为被别人嘲笑的对象。很多人会把别人对自己的嘲笑视为一种侮辱，是对自己人格或是能力的一种否决。在遇到这类事情的时候，一部分人会选择昂首挺胸，并不会因此而丧失信心，或是减少对追求幸福生活的渴望；而还有一部分人则会选择逃避，他们会在别人对自己的嘲笑面前低下头，甚至会因此而产生自卑的心理，失去前进的动力。两种不同的人，两种不同的选择，他们得到的结果也会完全不同；前者的行为是正确的，无论成功与否，他生活得都一定会很充实；而后者则会生活在忧虑当中，因为受到外来因素的影响，他们对自己始终会怀有怀疑之心，这也就导致了对自己失去信心。

莫妮卡在二十几岁时就已经出版了作品，虽然已经是一位作家了，可是仍然举止笨拙，常感自卑。她的体型有些胖，不过并不是痴肥，她觉得衣服穿在别人的身上总是那么的漂亮。她在赴宴会之前要打扮好几个小时，可是一走进宴会厅就会感觉到一团糟，总觉得人人都在评头论足，在心里耻笑她。

有个晚上，莫妮卡忐忑不安地去赴一个不大熟悉的宴会，在门外碰见另一位年轻女士。

"你也要进去吗？"

"大概是吧，"她扮了个鬼脸，"我一直在附近徘徊，想鼓起勇气进去，可是我很害怕。我总是这个样子。"

为什么？莫妮卡在灯光照映的门阶上看看她，觉得她很好看，比自己好得多。"我也害怕得很，"莫妮卡坦言，她们都笑了，不再那么紧张。她们走向前面人声嘈杂、情况不可预知的地方。莫妮卡的保护欲在心里油然而生。

"你没事吧？"她悄悄问道。这是她生平第一次心不在自己而在另一个人身上。这对她自己也有帮助，她们开始和别人谈话，莫妮卡开始觉得自己是这群人中的一员，不再是局外人。

穿上大衣回家时，莫妮卡和她的新朋友谈起各自的感受。

"觉得怎么样？"

"我觉得比先前要好得多。"莫妮卡说。

"我也如此，因为我并不孤独。"

莫妮卡想：这句话说的真对！我以前觉得孤立，认为世界上的人都信心十足，可如今遇到一个和我一样自卑的人。此前，我因为让不安全给吞噬了，根本不会去想别的，现在我得到了另一启示：会不会有很多人看来谈笑风生，但实际心中也忐忑不安？

莫妮卡常去的一家本地报馆，有位编辑对她似乎很粗鲁，莫妮卡觉得他的目光永不和自己接触。她总是觉得他不喜欢自己，现在，莫妮卡怀疑会不会是他怕自己不喜欢他？

第二天去报馆时，莫妮卡深吸一口气，对那位编辑说："你好，安德森先生，见到你很高兴！"

莫妮卡微笑抬头。以前，他习惯一面把稿子放在他桌上，一面低声说道："我想你不会喜欢它。"这一次莫妮卡改口道："我真希望你能喜欢这篇稿子，大家都写得不好的时候你的工作一定非常吃力。"

"的确吃力。"那位编辑叹了口气。莫妮卡没有像往常那样匆匆离去，她坐了下来。他们互相看看。莫妮卡发现他不是咄咄逼人的特稿编辑，而是个头发半秃、其貌不扬、头大肩窄的男人，办公桌上摆着他妻儿的照片。莫妮卡问起他们，那位编辑露出了微笑，严峻而带点悲伤的嘴角变得柔和起来。莫妮卡感到他们二人都觉得自在了。

后来，莫妮卡的写作生涯因战争而中断。她去接受护士训练，再次因感觉到医院里的人个个称职唯独自己不然而心中生畏，她觉得自己手脚笨拙，学得慢，穿上制服看来仍全无是处，引来许多病人抱怨。"她怎么会到这来？"莫妮卡猜想他们一定会这样想。

工作繁忙加上疲劳，使莫妮卡不再胡思乱想，也不再继续发胖。她开始感觉到与大家打成一片的喜悦，她是团队的一分子，大家需要她。她看到别人忍受痛苦，遭遇不幸，觉得他们的生命比自己的还重要。

"你做的不坏。"护士长有一天对莫妮卡说。莫妮卡暗喜：她原来在称赞我！她认为我一切没问题。莫妮卡忽然醒悟到几星期以来根本没有必要为自己是否称职而发愁担忧。

如今，事过多年，莫妮卡仍对人群、事业成功的人、粗鲁无礼的店员怀有畏怯之心，也仍然害怕身处于似不相属的那种环境中。她告诉自己必须记住：想想你自己过去和那个独自站在街头紧张不安的女士的谈话。

人们都会有心感不足的时候，为了使别人觉得快乐，自己也觉得快乐，要更加清楚地看待问题。我们在生活中经常会感受到来自别人的嘲讽，特别是自己在从事一件新事物的时候，便更容易引起这类事情的发生，这其实是很正常的感受。当我们遇到这种情况的时候，不要为此感到难过，而应该英勇的面对。

不要怀着怒气做事

俗话说：气大伤身。怒气会使一个人性格变得急躁，如果怀有怒气去做事，不但很容易因为一点小摩擦与他人发生冲突，而且还会影响到我们的身体健康。

当一个人怀有怒气去做事的时候，就如同一个丧失理智的士兵，没等敌人把他打垮，他就被自己发出的怒火"烧伤"。在如今这个竞争激烈的社会，为了使自己能够立足，人们一直都在与对手竞争，可在这期间，一定要牢记一点，无论到任何时候都不要怀有怒气去"战斗"，因为怒气会使人丧失理智，在丧失理智的情况下，是很难取得胜利的。

虽然我国古代有"哀兵必胜"一说，但满怀怒气、丧失理智的哀兵未必就能取胜。三国时期，一心急于为关羽报仇的刘备，心怀怒火，倾全国之力，大举兴兵攻打东吴，而最终落得败兵早死的下场。

公元219年，关羽死后，刘备痛苦不已，对东吴仇恨有加。那个粗鲁的张飞鞭挞部下裨将范疆、张达，二人刺死张飞投吴。这让处在悲痛中的刘备痛上加痛，恨上加恨。他不顾群臣苦劝，兴兵伐吴。以怒兴师，恃强冒进，在战略上犯了兵家大忌。开始时连胜东吴。孙权派使者求和，刘备斩之，孙权只好拜陆逊为大都督，那个聪明的陆逊坚守不战，以待蜀军兵疲意沮。而后火烧连营，大获全胜。刘备败走白帝城，伤感懊悔染病，临终前托孤于诸葛亮。

在历史学家看来，这是一场不会有好结果的战争。刘备一意孤行，不听诸葛亮事前调兵部署，结果蜀军几乎全军覆没，在卫兵的死拼保护之下，才捡了一条命，但从此忧郁攻心、一病不起，最后撒手西去。

冲动是魔鬼，愤怒总是会使人们变得冲动、丧失理智。无论受到了多大的委屈，我们都不要让怒火在心中燃起，要静下心来，理智的、冷静的看待问题，只有在理智的情况下，才可以对事情做出正确的判断，才能拿出最好的解决办法，从而顺利地将所遇到的事情化解。

一位老人退休后在乡下买了一座宅院，准备在这里安享晚年。这座宅院处于乡下的一座小山下，周围的环境非常优美，安静的生活让老人觉得很舒服。可没过多久，安逸的生活就被三个人给打破了。这三个人一连几天都在附近踢所有的垃圾桶，吵得老人无法好好的休息。老人实在受不了踢垃圾桶发出的噪音，于是，他主动去和那三个人攀谈。

"伙计们，你们几个是不是玩得非常高兴呀！"他温和的说，"如果你们能够坚持每天都到这里来踢垃圾桶，我愿意给你们一块钱作为奖赏，你们认为怎么样？"

三个年轻人听了老人的话非常的高兴，心想：天下居然会有这样的好事，我们不但可以在这里娱乐，还能拿到钱，真是太好了。

于是，他们每天都会来这里踢垃圾桶。几天后，老人满面愁容的找到这三个人说："通货膨胀使我的收入减少，从现在起，我只能付给你们每天五角钱了。"

三个人听后虽然有些不高兴，可这个结果还是能够接受的，于是他们继续踢着垃圾桶。

又过了几天，老人再次找到了他们，抱歉地说："实在对不起，我最近没有收到养老金，所以我只能每天付给你们两毛五分钱，这样可以吗？"

"什么？每天只有两角五分钱，这实在是太少了，无论怎样我们都无法接受，你去找别人踢这该死的垃圾桶吧！"说完，三人气冲冲地离开了。

生活恢复了以往的安静，老人再也没有听到踢垃圾桶发出的噪音，他又开始安逸的生活。

遇事不发怒，人们就可以保持冷静的头脑，便会理智的处理遇到的困难。英格索尔说："愤怒将理智的灯吹灭，所以在考虑解决一个重大问题时，要心平气和，头脑冷静。"

所有好的办法几乎都是由冷静的头脑想出来的，反之，在丧失理智的情况下是很难想出好办法的；即便是想出了办法，也基本都是错误的。因此，我们一定要控制自己的情绪，不要因为任何事情而使自己怀着怒气去做事，如果这样去做，得到的一定会是非常糟糕的结果。

美国政治家托马斯·杰斐逊曾这样说道："在你生气的时候，如果你要讲话，先从一数到十；假如你非常愤怒，那就先数到一百然后再讲话。"当我们心怀愤怒的时候，不妨等到情绪有所好转的时候，再与别人进行沟通。如果我们能这样做，只是多付出了一点时间，却能收获更好的结果。

为什么会被批评

批评总会使人生活得不愉快。相信，没有哪个人愿意被批评。可无论在生活中还是工作中，任何人都应该做到这一点：接受批评。许多人会因为遭到批评后，烦恼不堪，甚至还会因此产生自卑的心理。当我们面对来自四面八方的非议和批评时，不要因此而感到不安和焦躁，应该静下心来，仔细的思考一下，是不是自己真的做错了什么，才引来了批评。如果自己所做的事，的确存在着一些问题，那我们就应该积极接受批评，并加以改进；如果我们所做的事是正确的，那么，面对那些不怀好意的批评，我们就不必去理会。有则改之，无则加勉。当面对批评的时候，我们一定要清楚地了解到事情的根本，要对整件事情做出正确的判断，千万不要感到迷茫，更不要冲动地做出决断。其实，当大部分人产生和你不同的意见的时候，就是考验你意志和检点自己的时候，要学会从容的面对。

英国文艺评论家、散文作家赫兹里特说："毫无缺点的人显然是不存在的，因为他无法在这个世界上找到一个朋友，他似乎属于完全不同的物种。"其实做事和做人都是同一道理，人无完人，事也不可能做到完美。在完成一件事情的时候，任何人都保证不了自己不会犯错，可以毫无闪失的将其完成到最好。很多事情是无法预料到的，因此，发生一些错误也是在所难免的事情。况且，犯错也不见得就只是一件坏事，它可以帮助我们认识到自己的不足，在及时改进的同时，得以进步。著名作家罗宾德拉纳特·泰戈尔曾这样说："错误是真理的邻居，以此它欺骗了我们。如果把所有的错误都关在了门外的话，真理也就被关在门外了。"在很多时候，正是因为犯错，受到别人的批评后，才促使自己从迷茫中走出来的。因此，我们不应用完美来要求自己做的每件事，错误和批评在某种程度上来讲，也会给予我们一些帮助。

生活在这个世界上的每个人，都避免不了会遭遇一些责难，重要的是要有一定的修养、气度、胸怀和魄力。任何人都会犯错，而且每个人都会有自己的观点，因矛盾而产生批评是无法避免的。所以，听到对自己的批评时不要烦恼，很多时候，别人提出的建议往往有助于自己获得突破，自古以来，哪一个成功者没有遇到过责难？但他们并没有因此而烦恼。其原因就是因为他们都是善于管理自己情绪的人，不会让心灵受到外界指责和批评的侵扰。在很多时候，也许别人不经意间一句尖刻的话，都会像一把尖刀一样扎在你的心上，让你感到苦恼，让你感到痛苦，甚至会成为你一生都挥之不去的阴影。但往往就是这些话，会成为你人生的动力，促使你更加渴望胜利，把自己变得更强。

1879年，维克多·格林尼亚出生在法国瑟儿堡一个资本家家庭。他的父亲拥有庞大的产业和巨额的财富。

维克多·格林尼亚出生后父母非常的溺爱他，这使得他成天游荡在瑟儿堡大街上，盛气凌人。他没有自己的事业追求，根本不把学习放在眼里，成天混迹于上流社会，过着放荡不羁的生活。

在一次宴会上，刚从巴黎来到瑟儿堡的波多丽女伯爵竟毫不客气地对他说："请给我站远一点，我最讨厌花花公子挡住视线。"他强烈的自尊受到了严重伤害，要知道，瑟儿堡年轻漂亮的姑娘都愿意和他谈恋爱，波多丽女伯爵的话竟把他一下击倒了，于是偏执、疯狂和自卑袭上他的心头，但过了不久，他就醒悟了，开始反省过去，后悔浪费的光阴，对自己的人生产生了苦涩和羞愧之感。

从此他开始发奋学习，追赶自己过去曾经挥霍掉的宝贵时间。每当灵魂和肉体变得麻木的时候，他就用女伯爵的话来激励自己，使自己感觉到痛楚。后来，他为了摆脱优越生活的影响，主动离开了家庭，走之前给家里留了一封信，上面写着："请不要找我，我要刻苦学习来弥补过去荒废的学业，相信自己会有一番成就的。"

维克多·格林尼亚来到了里昂，拜路易·波韦尔为老师，通过两年扎实而勤奋的学习，他进入了里昂大学插班就读。大学里，他刻苦勤奋赢得了化学权威菲利普·巴尔的器重，在这位权威的指导下，他把所有著名的化学实验重新做了一遍，并纠正了一些错误和不完善的地方。终于，他以自己的名字命名的格林试剂在这些大量平凡的实验中诞生了。

一旦开启了成功的大门，他的成果就像决堤的潮水一般滚滚而来，他在化学领域有了很多重要的发现，为此，瑞士皇家科学院授予他1912年度的诺贝尔化学奖。此间，他还收到了来自波多丽女伯爵的庆贺信，信中只有一句话："我永远敬爱你。"

很多时候，正是因为别人的批评，使一个人重新认识了自己，更加了解自己的所作所为，在找到自己缺点的同时还会促使一种强大力量的爆发，这种力量会帮助自己变得更加完善。

第九章
家庭幸福是快乐的根本

　　家庭幸福是一切快乐的根本，幸福美满的家庭会给人带来无限的快乐，一个人生活得是否快乐，和家庭有着密不可分的关系。因为，家庭是人最大的支柱，无论你在外面经受怎样的狂风暴雨，家永远都是幸福快乐的港湾。

家是幸福的港湾

家是出发的起点，也是最终的归宿。当人们离开家，开始为实现理想奔波时，也许会没有家这一概念，可在我们内心深处，总会有一根线牵扯着。在《家是温柔港湾》这首歌中，作者这样写道：家是温柔港湾，你我停泊这港湾。风雨再大都不怕，只要有个温暖的家……家是幸福快乐的源泉，任何一种快乐缺少了幸福的家庭都是不美满的，因为那里有我们的父母，有我们的兄弟姐妹，有我们最心爱的亲人，能与亲人分享幸福，才是世界上最完美的快乐。

我在读《幸福》这篇散文时，台湾作家林清玄在其书中写了这样一段话让我牢记在心："小时候，我们住在南部乡下，由于兄弟姐妹很多，妈妈非常忙碌，我们只要一靠近妈妈，她最自然的反应是一掌把我们打开：'闪啦！大人在无闲，不要在这里绊手绊脚！'因此，我非常渴望有一天能牵着她的手。有一天，妈妈要到田里摘野菜，我跟着去，她突然牵起我的手，走在田间的小路上。那时我感觉到从未有过的幸福，生命原是如此美好！经过三十几年了，我每次想到那一幕，幸福的感觉仍在汹涌……"

也许友情难免会有遗憾，爱情也有可能会遭到背叛，可无论我们的人生中经历怎样的变故和磨难，家总会以最宽容的姿态接受我们，有了它的支持，我们会变得坚强，有了它的鼓励，我们会变得更加勇敢。

伏尔泰曾这样说："对于亚当，天堂是他的家，而他的后裔，家就是天堂。"幸福的家庭是温暖的港湾，有了它的存在，生活会像天堂一样幸福、快乐。

在一次采访中，一位白手起家的成功者告诉大家，为了走出那个祖祖辈辈居住的小山村，他带着出人头地的梦想，义无反顾地踏上了征程。外面的世界并非如他头脑中想象的那样，他总是受人欺负，看人家脸色。从一个身无分文的打工仔到一个腰缠万贯的大老板，他经历过太多的磨难和挫折。他说这一切并不是为了诉苦，他只想告诉大家，那么多年来，他养成了一个好习惯，就是每当心情焦躁或焦头烂额时，总会给父母打一个电话。

父母是老实巴交的农民，也许分不清这些让他为难的事情，也不能帮他想出解决的办法，其实他并不会告诉父母自己具体遇到了哪些困难，只想和他们随意地聊聊天，每当话筒里传出父母朴实关切的话语时，总能让他感到一种安慰和幸福，并会得到一种鼓舞的力量。

生意刚开始运作时，资金、技术、市场、人员等一系列的问题都需要他独自去解决，那时，孤独和无助经常会阵阵侵袭而来。创业的艰辛没有让他掉下一滴眼泪，父母的叮咛却让他流泪不止。

一次，他给父亲打电话，随口说出了自己所在的城市刮了一周的6级的大风，天气十分恶劣。父亲说："要是太辛苦，就回来吧。"这时，他的眼泪再也忍不住了，决了堤似的不可收束，压抑了许久的情绪随着眼泪不止地流。他明白父亲的心，父亲是怕自己在外面受太多委屈，苦了自己。但也是这句话更加坚定了他的理想，他想：热血男儿总是应该有自己的事业，父母正在一天天老去，他们吃了一辈子辛苦，艰苦一辈子，我应该闯出属于自己的一片天空，待父母年迈时，可以来此避雨取暖。

创业的艰苦总是在父母的温情中淡化，感觉到累的时候只要想起父母苍老的容颜，就能重新找到继续前进的动力。一次又一次，帮助他坚定了信念，走向了成功。

当我们在外面因为遭受磨难而失意时，第一个想到的就是家，因为它永远都会接受我们，无论成败，它的大门永远都会向我们敞开。当我们生活的幸福时，首先想要的仍旧是家，因为是它给予的支持和鼓励，帮助我们走向了成功。当问到这个世界上哪里是最能让我们享受幸福和快乐的地方时，相信大家的回答会是一致的，那就是家。

家和万事兴

德国剧作家歌德说："人无国王、庶人之分，只要家有和平，便是最幸福的人。家庭和睦是人生最快乐的事情。"人们常说：一个成功者的背后始终都会有一个和睦的家庭。和睦的家庭是奠定成功最好的基础，无论是精神上还是其他各个方面，和睦的家庭都能给予人们最大的支持和帮助。生活在一个温馨的家庭里，即使你在外面有再多的烦恼，回到家后所有不开心的事都会瞬间从你的脑子里消失，所剩下的只有幸福和快乐。即便是离开家以后，家庭给你带来的快乐心情也会促使你做起事来积极乐观，充满动力，战胜困难的决心也会大大提升。

一个团结的国家会繁荣昌盛。一个和睦的家庭会幸福美满。无论团结的国家，还是和睦的家庭，当一方有难时，大家总是会伸出援助之手，心连心地战胜所有困难，并会共同享受幸福快乐。

有两个兄弟。哥哥已经结婚，有了妻子儿女，而弟弟还是独身。两兄弟都是非常勤劳的农夫。父亲死时，把财产分给了两兄弟，最后的遗言也是叮嘱兄弟俩一定要和睦相处。父亲死后，兄弟俩儿更加辛勤的劳动，他们要通过努力把家庭建设的更好。他们把收获的粮食公平地分成两份，各自存放在自己的仓库里。到了晚上，弟弟想，哥哥有妻儿，开销大，所以从自己所得的份额中，拿出一部分悄悄地搬到哥哥的仓库里。而哥哥却认为自己已经有了妻儿，没有后顾之忧，可弟弟还是独身，应该为以后的生活多做准备，于是也把自己的一部分粮食悄悄搬到弟弟的仓库里。

第二天早上，兄弟俩醒来后到仓库里一看，东西都一点不少地放在那里。第二天晚上、第三天晚上都是这样，两兄弟不约而同地连续搬运了三个晚上。第四个晚上，兄弟俩在将自己的东西搬到对方仓库的路上相遇了。两人顿时知道了对方的心意，不约而同地放下手中的东西，紧紧地抱在一起，流出了幸福的泪水。他们的事迹感动了一位富人，富人觉得，这两兄弟相处的这么和睦，一定都是知情达理之人，于是便让他们帮助自己做事，并还付给了他们很高的报酬。没过多久兄弟俩就都过上了幸福生活。

家庭和睦、彼此间和谐地相处，会使人变得积极向上，做起事来也会干劲十足。当遇到一些坎坷挫折时，家庭成员总是会给予鼓励，帮助你找回信心，重新投入奋斗。对于每个人而言，只有家庭和睦才是取得成功和获得快乐的基础。一个相互包容、谅解、充满温馨的和谐家庭，就是一个充满尊重、爱、幸福、责任的社会细胞。生活在这样的家庭里，我们会感觉到无比的幸福快乐，我们会有更多的激情来创造我们幸福快乐的生活。

和睦的家庭需要其中每名成员都能相互包容、彼此理解，这样大家才能和谐地相处。生活中，不是所有家庭都是和睦的，也有很多家庭总会因为受到某些事情的影响而产生矛盾，导致家庭的成员不能和谐地相处，最终甚至会使整个家庭破裂。这类事情的发生让人感到悲哀，因为那些遭遇家庭破裂的人，往往都不能快乐地生活，即使在某些方面得到了满足，但缺少和睦的家庭，一切似乎都显得并不完美。其实，没有人不喜欢生活在和睦的家庭当中，谁都知道和睦的家庭会给人们带来快乐。一些家庭之所以不能和谐地相处，很大一部分原因都是因为家庭中的成员不能相互包容，总是为一些事斤斤计较，而久而久之，彼此间就会产生隔阂，变得陌生。在慢慢疏远的同时，彼此间的沟通也就会减少，这便很容易造成误会的发生。所以说，我们一定要学会相互理解，懂得包容对方，要知道，亲人是世界上最值得信赖的人，我们没理由相互猜疑，不信任对方。当有些不愉快发生时，要多做沟通，即使对方有错，也要多多原谅。相信，在彼此能够谅解的同时，所有矛盾都会被化解，大家一定能和谐地相处，构建一个幸福、美满、和睦的家庭。

不因贫穷而放弃生活

很多人会因为自己生活的贫穷而放弃追求快乐的生活，他们会不停地抱怨为什么自己不能成为一个富人，并且还会为自己找各种各样的理由：出身不好，父母没能力，运气不佳，都成了他们每天吊儿郎当的借口。消极地面对生活已经成为这些人的习惯，这些人眼里，只有富有才能使生活变得快乐，面对眼前有些贫穷的生活，他们宁愿一直堕落下去。

快乐只是个人的感受和心境的体验。我们很难判断一个人过得是否快乐，快乐、贫富和地位没有必然的联系，而与一个人的人生观和世界观有联系：一个一贫如洗的人心怀坦荡，他就可以成为一个快乐的人；一个腰缠万贯的人如果狭隘自私，他就不会获得人生真正意义的快乐。往往，贫穷的生活更能激发人的斗志，使其时刻保持积极的状态。

生活中，很多人都认为贫穷的生活不好过，少吃缺穿，谁也不愿意去过那样的生活。但现在的物质生活相比以前而言，已经大大丰富起来，但现在的人似乎没有更加快乐，总有很多人有这样那样的心理问题，很多人都生活在巨大的压力之中，富有的人越来越多，但他们脸上的笑容在相比之下却减少了，甚至有很多人不但没有因为变富而感到快乐，反而产生了更多的忧虑，心情越来越差，生活也越来越郁

闷。

同样是贫穷的人，面对生活的态度不同，最终的命运也会因此而改变。一个用消极态度面对贫穷的人，整天都会怨天尤人，甚至还会把情绪发泄在亲人和朋友身上，结果把自己弄得非常狼狈，每天都生活在烦恼和忧愁之中。而另一种用积极心态面对贫穷的人则大不一样。虽然日子过得紧巴巴，但他们能接受现实，对生活总是有说有笑，并且还会勇敢地向未来发出挑战，在充实的生活中不断进步。

其实我们只要把心态放正，也能把贫穷的生活过得有滋有味，同样可以从中找到快乐。对于一个热爱生活的人来说，贫穷并不会影响到他的生活，也不会消减他对追求美好的决心，相反，这更激发了他的斗志，积极快乐地拥抱生活，不抱怨、不失意，他会坚持前进，不会被任何困难所阻挡，最终他获得的是幸福，是美好，是无限的快乐。

人生不是只有拥有财富才能生活得快乐，即使没有多少财富，也要学着乐观一些，这是一种生活的智慧，是为生活带来乐趣最好的方法，勤勤恳恳，用信念做舟，终有一天会到达理想的目标的。物质生活给我们带来的快乐是有限的，健康的心灵才是永远的开心果，它能使快乐永远伴随着你。内心的乐观是所有快乐的起源，它能使人坦然地面对生活，即便是遭遇不幸，拥有宽广胸怀的人也不会因此而放弃对美好的追求，在他眼里，只要能快乐地生活着，总有一天，他一定能一飞冲天。

尽管贫穷的生活会给我们带来很多不便，但无论任何人，都不应因贫穷而放弃生活，使自己整日生活在郁闷当中。当人拥有了财富之后，在某些方面的确可以给生活带来快乐，这一点谁都无法否认。但不难发现，那些富人又有几个不是从贫穷中一步步走出来的呢？在起初奋斗时，他们又何尝不是过着贫穷甚至苦恼的生活呢！他们因此而堕落了吗？他们因此而放弃追求明天的幸福生活了吗？他们没有，如果当初他们选择了放弃，也就不会有如今的幸福快乐。对于那些乐观面对生活、对未来充满信心的人而言，贫穷并不会使他们感到痛苦，相反，他们会认为这是一种历练，是磨炼意志的机会。要懂得享受生活，无论是好是坏，都是人生的一部分，奢侈华丽的生活贫穷的人享受不到，简单平淡给人们带来的快乐富人同样也享受不到。生活是丰富多彩的，珍惜眼前所有的一切，无论贫穷还是富有，我们都要对生活充满热爱，尽情去享受生活，体会其中的乐趣，人生才会充满快乐。

避免矛盾，懂得包容

无论生活还是工作，任何人都无法避免一些矛盾的发生。尤其在生活中，如果不能很好地化解矛盾，那么，久而久之，即便是最值得信赖的亲人，彼此间也会产生隔阂，严重的甚至会导致家庭的破裂。家人是人们接触最多的对象，而接触越是密切的人往往就越容易发生矛盾，为了避免矛盾的发生，除了相互包容以外，做事时也要注意分寸。大家都知道，避免矛盾容易，但化解矛盾相对来说要难得多。因此，为了使家庭更加和睦，为了生活得更加幸福，我们一定要远离矛盾，学会避开它，千万不要让矛盾毁掉了我们幸福的生活。

苏格拉底有一个泼辣的老婆，她既强悍又心胸狭隘。她常对大哲学家苏格拉底破口大骂，让这位著名的哲学家尴尬不已。很多人认为，苏格拉底娶了一个粗暴的妻子，是对他哲学的一种嘲弄，他们之间经常会出现让所有人感到尴尬的事，而面对蛮不讲理的妻子，苏格拉底常常是"秀才遇见兵，有理说不清"。

苏格拉底身边的人都忍不住问他："你为什么要娶这个女人，难道你不为此而感到懊悔吗？"苏格拉底回答说："擅长马术的人总是会挑烈马骑，骑惯了烈马，驾驭其他的马就不在话下。我如果能忍受这样女人的话，恐怕天下就再也没有难以相处的人了。"不愧是伟大的哲学家，仔细理解，这段话中包含了深刻的人生学问和智慧：即使

是一个很坏的人，也能成就我们的修养。

　　每当苏格拉底那位粗暴的妻子脾气发作、恶语相加时，苏格拉底总能避开矛盾，默默地忍受，形式上受了妻子的辱骂，但苏格拉底学会了在他妻子的喋喋不休中升华自己的精神。

　　一次，苏格拉底正和学生们对一个学术问题交流正酣的时候，他的妻子怒气冲冲地从外面冲进来，把苏格拉底骂了个狗血喷头，又提来一桶水，猛地泼在了苏格拉底的头上，把他浇了个落汤鸡，在场的每个学生都为此而感到忍俊不禁，都以为苏格拉底会把妻子狠狠地教训一顿，但苏格拉底望着湿淋淋的衣服，幽默地说："我知道闪电过后，必有一场大雨。"一句话让在场的所有学生哄堂大笑。

　　对于苏格拉底的妻子来说，生活对她来说，也不是多么公平，苏格拉底常常赤着脚、穿着破旧的衣服，整天游走于小贩、醉汉和艺妓之间，她常被严厉的父亲训斥着："他什么也不做，一个只会耍嘴皮子，甚至连一双鞋子都没有的叫花子，你跟他一起生活，就是为了饿肚子吗？"她卖橄榄换来的一点钱用完了，面粉吃光了，油也没有了。她觉得自己很委屈："连奴隶都不如的日子，吃的再坏没有了。"

　　如此的生活，他们之间的爱情会幸福快乐吗？他们对自己的爱情是怎么看待的呢？

　　在苏格拉底被处决前，他的妻子随着士兵来到苏格拉底的床前，高喊着："他永远是我的！"腰板挺直、打扮端庄的她不失美丽和体面，整个面容都带着一种庄严的气质，她知道这是苏格拉底喜欢的。她说："过不了多久我就会随你而去的。"并且庄重地对着太阳说：

"我的丈夫是一个伟大而智慧的人。"

在苏格拉底眼中，妻子是一匹和蔼又执拗的小马，勇敢大胆。他爱着她的一切。临刑前，他对儿子说："对妈妈要和气。"他把妻子披散下来的一小缕头发拢回原处："你知道我们是彼此相爱的。当你唠叨我时，我心里就好受些。你也知道，我甚至乐意听你唠叨。等着吧，我们会在极乐世界见面的，在那里我将用一切报答你。"

人们难以相信，这对在生活中摩擦不断的夫妇，竟有着如此深厚的爱情。苏格拉底以他宽广的胸怀包容着妻子的一切行为，面对妻子的百般羞辱，他总是能避开矛盾。同样生活艰苦的妻子也深爱着她的丈夫，他们的生活中不仅仅是粗暴和谩骂，幸福和快乐也一直陪伴在他们身边。

俗话说：舌头哪有不碰牙的时候。家庭成员就如"舌头"和"牙"一般，虽然避免不了发生摩擦，但始终都是密不可分的，只有彼此相互容忍，一切才能近乎完美。

苏格拉底和妻子的关系在别人眼里是糟糕的，没有人认为他们的生活会是幸福的。而实际上却并非如此，他们之间充满了爱，他们都会为能和对方在一起而感到幸福、快乐。无论哪个家庭，都避免不了矛盾的发生，可以说这是生活中的一部分，从某种程度上来讲，一些小矛盾的发生往往还会使彼此间更加亲近。只要我们能将其化解，矛盾就不会影响到生活，人们便不会因此而失去快乐。

人们都知道，恶劣的态度是一些矛盾产生的根源。当生活中出现一些摩擦的时候，千万不要用急躁或是恶劣的态度去面对，这样很容易使人变得愤怒，甚至是失去理智，从而造成不可挽回的后果。如果你能大度一些，用平静、包容的态度去面对摩擦，就不会产生纠纷，即便是对方有错，也可以坦然地接受，因为你明白，家庭和睦是需要相互付出的，彼此容忍才能远离矛盾，幸福和快乐永远只属于那些对生活充满热爱、懂得包容别人的人。

从改变自己开始

生活中存在这样一些人，他们总是对自己身边的人感到不满，并且还会试图去改变对方，让其达到自己内心的标准。这种行为是自私的，是可耻的。每个人都有把握自己命运的权利，任何人都不应该试图去改变谁，哪怕是你的亲人，你的妻子，甚至是你的孩子。当你对对方感到不满时，你是否回过头看看自己了呢？难道你就是一个让所有人都满意的人吗？相信没有任何人敢保证自己是一个让所有人都满意的人。这个世界上没有完美的东西，无论是什么，它总会有一些不足之处，如果你想让所有都尽自己所意，最好的办法就是改变自己，改变自己的心态，不要一味地追求完美，这样你才会对缺点有新的认识，明白它也是人生中的一部分。

试图改变对方的人会生活得很痛苦，任其自然发展的人才是聪明的人，因为地球就是地球，你无法将它变成太阳，如果你坚持这样去做，只能付出毫无意义的努力，最终受苦的也只能是自己。

很早以前，有个国王问他身边的武士："女人最需要的是什么？"武士想了想回答说："金钱。"国王摇了摇头。武士又说："美貌。"国王仍旧摇头。武士沉思了一会说："是权力。"他的话仍然被国王否定了。

后来，国王容许武士周游列国寻找答案。武士在路上遇到一个丑巫婆，武士把自己的问题讲给了丑巫婆听。巫婆说，告诉他答案可以，但她有一个条件，就是必须要娶她为妻。武士答应了他，在举行婚礼的那天，巫婆说："女人最需要的是把握自己的命运。"在当晚的洞房花烛夜，武士发现丑巫婆变成了一个美丽的少女，少女对她的丈夫说："如果我白天是漂亮的女人，晚上会变成丑陋的巫婆；如果我白天是个丑陋的巫婆，晚上会变成美丽的少女。你可以选择，你选择哪一种？"她的丈夫聪明的回答说："你认为女人最需要的是把握自己的命运，那就由你自己决定吧！"于是，武士的妻子白天是一个美丽贤惠的女人，晚上则是一个浪漫曼妙的少女。

这个寓言故事所体现的意思是说，你不要试图改变你身边的人，让他们掌握自己的命运，结果将会给你或他人带来无比的幸福和快乐。

生活中我们不要试图去改变任何人，不要要求别人必须要为我们做些什么，就像所有的一切都要围着我们转一样。每个人都有不同的性格，都有自己不喜欢做的事，总是要求别人按照你的想法去做事，这种行为和夺取别人的自由没什么区别。你就是你，别人就是别人，我们都是独立的个体，要保持自我的本色才行。所以这就需要相互尊重，相互理解，不要将自己时刻放在顶尖的位置，处处上风，甚至是压倒别人。

每个人都不相同，高仓健是高大帅气的，但他不是模板，即使是，也只能是一个样子而已；我国的四大美女也不是模板，即使是，也只能是美丽的外表而已，决定我们生活幸福快乐与否的往往是对方的魂魄。我们不应该把身边的人标准化，更不应该试图去改变别人，

如果你真的为此而感到不快的话，那一定是你的内心不够宽阔，或是你的态度不正确。试着去改变自己，用宽广的心去包容一切，你便会很容易接受他人，无论是好是坏，你一定都可以坦然接受。接受是烦恼的克星，如你还因为某些东西不如自己所意而感到不快的话，你应该学会改变自己，用乐观的心态去接受，这样你才能与人更加和谐地相处，打造和睦、美好、幸福、快乐的生活。

别把烦恼带回家

烦恼和快乐一样，都具有传导性，当你和一个快乐的人在一起的时候，你会感觉到快乐，而当你和一个烦恼的人在一起的时候你的情绪自然也会受到影响，很有可能你会因为受到别人的影响，也成为一个烦恼者。快乐是易传播的，它可以给人们带来幸福和欢乐。烦恼则完全相反，有它的地方注定会情绪低沉。

家是我们劳累一天后，放松心情和享受幸福的地方，幸福快乐的地方不应有烦恼出现，因此，无论怎样我们都不应把烦恼带回家。

没有谁会喜欢充满烦恼的生活，包括我们自己在内，既然是这样，我们就不应把烦恼带给别人，而家是温暖的港湾，是享受幸福的地方，在这里更不应该有烦恼出现。幸福美满的家庭需要其中每名成员都能尽自己的一份力，为这个幸福的地方多增添一份快乐。当你劳累一天后，回到家中希望得到的是什么？相信所有人的回答都是快乐和幸福。那么，既然你想得到快乐和幸福，就不要把烦恼带回家中，任何人都知道，快乐和烦恼是不能共存的，如果你把烦恼带回家中，快乐自然就会被打折扣，甚至是消失。但相反如果你能抛弃烦恼，在享受家庭给你带来快乐的同时，也能把快乐"传染"给家庭中其他成员的话，你所享受的快乐就会因此而增加，你的人生也会变得更加幸福。

　　家庭是幸福的港湾，是其中所有成员享受快乐的地方，它不仅仅只属于一个人，尽管你的心情很糟，但无论怎样你都不要把家庭视为宣泄坏情绪的对象。因为你的行为会涉及很多人，你的父母、妻儿，他们的情绪都会因你的行为而受到影响，最终只能使大家都处于郁闷当中。对于每个人来说，生活中遇到一些烦恼是在所难免的事情，把烦恼带回家不但不会使自己变得快乐，相反还会因此而产生更多的苦恼：夫妻吵架，与孩子的感情疏远。这些往往是因为坏情绪而产生的，如果我们换种方法去对待，当遇到烦恼时可以找亲朋倾诉，或者多从别的角度考虑问题，这样不但不会影响到家庭的幸福，还能把烦恼化解在无声无息中，一切都将会变得更加美好。

　　每个人都可以快乐地活着，有很多家庭之所以一直都处于郁闷当中，很多时候是因为其中的成员不懂得调解情绪，总是把烦恼带回家中，在这些人眼里，家庭似乎已经成为他们宣泄情绪的指定对象，无论生活还是工作中所产生的烦恼，他都会将其带回家中，以为这样可以缓解自己的压力，殊不知这样只能使自己更加痛苦。

　　因此，我们在临近家门之前，先调节一下自己的情绪，让一切烦恼都随风而去，用开心和快乐的面孔去迎接家人，相信，当他们看到你快乐的同时，内心也一定会多一分喜悦。